實戰 Webduino

物聯網開發

智慧家居應用

自走車

推薦序 I

preface

點燃心中的創作魂

傳統的 Arduino 要做到裝置互聯並非易事，尤其是要走出區域網路與多人共享資料時，選項只剩下 Wi-Fi。因此，這兩三年來搭配 Wi-Fi 的開發板不斷推陳出新，包含 Intel、Samsung 與台灣聯發科技等公司都推出了具備 Wi-Fi 功能的開發板，就更不用說以 Raspberry Pi 為首的 Linux 單板電腦大軍了。有了板子以後，就要思考：「連上網之後要做什麼呢？」，也許是控制家電，也許是資料收集，或許作一台可愛的小機器人也不錯，本書都幫您準備好了喔！

本書架構清楚易懂，並兼顧初學者與進階玩家的需求。將 Webduino 開發板連上無線網路之後，即可整合各式常見的周邊電子元件來製作各式專題。另一方面，Webduino 有圖形化開發環境，對於初學者而言，可以先從理解系統執行流程開始，很容易就能完成各式簡易的小專案，也適合學校作為相關教材。如果您對於文字式程式語言有一定基礎的話，Webduino 的線上編輯環境也提供您使用 JavaScript 自行開發程式指令。對於有進階運算需求的人來說，真的是非常棒的功能。

書中的每個專題都提供了圖形化指令與 JavaScript 語法的對照，相關領域的老師們可以將其視為入門與進階的兩階段教學，讓有興趣的學生可以順利銜接互動式網頁或手機 app 開發。

在物聯網的世界裡，有人是從硬體連上網路，也有人是從網路擁抱硬體。誠摯推薦本書給各位讀者，期待您從本書中找到點燃心中創作魂的那把火。

祝 展卷愉快

曾吉弘
CAVEDU 教育團隊

推薦序 II

preface

重拾數位創作的感動！

智慧家庭、IoT 物聯網、工業 4.0 之類的話題有多夯，未來潛力有多大等等的話題我就不贅述了。因為讀者只要稍微注意一下報章雜誌或數位媒體，隨便都可以找到一堆。

然後，市面上什麼 Arduino-like、Linked It、Raspberry Pi，還是其他技術解決方案的，只要稍微翻找一下資訊相關書籍或網站，一樣也是琳瑯滿目地要獨佔你的目光。

但是，你是否曾經想過，甚至實際做過 .....

用自己寫的程式來點亮一顆 LED 燈嗎？

沒有！？ ...

因為......

光是電子電路和軟體程式技術的艱澀，就足以把一個原本充滿創作熱情的人，活生生地給搞到完全心灰意冷！

以我本身為電子科班出身，卻一直從事軟體開發、網站和資訊教育的技術阿宅來說。雖然常常會有各種創新構想，而且也具備這些技術的相關基礎能力，但之前卻都一直遲遲沒有動手去進行任何嘗試 ....

..... 即便只是去點亮一顆 LED 燈 ....

然而，就在 2015 年三月的某一天，Webduino 開發團隊的大隊長 Marty（執行長 許益祥 先生）跟我展示出 Webduino（網頁技術）開發方案之後。

我相當震驚！！.....

原來一切可以這麼容易！

要知道，當你發現自己可以直接使用早已熟悉的能力，去做一件原本覺得很繁瑣或困難的事情時，內心會有多大的震撼！？

我想，大概就好比原本只會在地上走的人，突然發現自己可以自由自在地在天上飛那樣的震撼！.. XD

是的，感謝 Webduino 的出現。讓我覺得自己能夠再次「重拾數位創作的感動」！～

現在，Webduino 變得更容易了！甚至原本完全不會程式的人，都可以透過 Blockly 這種積木圖像開發方式來實現自己的構想和原型。

這對於「非」資訊或電子相關本科系的人來說，真的是一大鼓舞和希望啊！～

這次 Webduino 專書的推出，相信會有更多跟我一樣，對於數位藝術創作、或是開發虛實互動整合有強烈熱情和創意的人，都能夠在學習過程中，發現更多的可能性，並且更自由自在地去實現你心中的那個創意或構想！～

最後，預祝大家學習順利，並用您的創作一起來創造出更多的感動！

羅友志（DOFI）

KIMU 高雄獨立遊戲開發者聚會創辦人之一
Webduino 傳教士暨特約講師
30 餘本專業電腦書籍譯者暨資訊講師

目 錄

preface

Chapter 1

踏入物聯網的第一步

Chapter 2

認識 Webduino

Chapter 3 快速上手 HTML

Chapter **4**

越來越夯的CSS

Chapter **5**

用Blockly玩轉JavaScript

Chapter 6

點亮人生的第一盞燈

Chapter 7

轉吧七彩霓虹燈

Chapter 8

隔空控制的特異功能

Chapter 9

聆聽世界的聲音

Chapter **10**

小小作曲家

Chapter **11**

點點按按好好玩

Chapter **12**

機器人的關節技

Chapter **13**

光敏電阻與可變電阻

Chapter **14**

千變萬化跑馬燈

Chapter 15

三軸加速感應器

Chapter 16

進擊的RFID

Chapter 17

繼電器與智慧插座

Chapter 18

萬能自走車

1

Chapter

踏入物聯網的第一步

近年來隨著科技的進步，許多與網路有關的應用不斷推陳出新，小從智慧手機，大至智慧家電或智慧汽車，都開始與我們的生活息息相關，因此也造就了新一代的工作趨勢和產業發展，除了傳統利用撰寫韌體的方式控制物品行為，我們更可以進一步利用網頁語法編輯控制，透過已臻成熟的網頁技術，實現踏入物聯網世界的第一步。

在這本 Webduino 的基礎教育課程裡頭，將由淺入深的介紹相關的開發流程與技術，除了會學習到網頁開發與電子電路的基礎知識，更能夠獨立開發如「智慧插座」、「虛實整合遊戲」、「智能監控」... 等物聯網的有趣應用。

1.1 認識物聯網的有趣應用

大多數人聽到「物聯網」這三個字，第一個想到的往往都是生硬的智慧家電、機器人或監控系統，但實際上這三個字涵蓋的層面非常廣泛，簡單來說，不管任何的東西，只要能夠連上網路並透過網路進行控制，產生特定的行為，我們都可以稱之為物聯網的應用，以下將會介紹三種不同的領域，也希望能從這些截然不同的領域中，獲得各式各樣的啟發與創意。

◎ 創客文化

「創客」，又可稱為「自造者」，這是由 Maker 這個英文單字翻譯而來，簡單來說是形容酷愛科技並熱衷於自己動手實踐的人，近年來許多創客社群與博覽會如雨後春筍般誕生，更塑造了越來越蓬勃的創客文化。

目前的創客文化，大多集中在 3D 列印、電子電路或機械結構等領域裡頭，創客們擅長追求事物的本質及各個領域的整合，對於物理、化學的自然科普知識都有著濃厚的興趣，近年來在各大創客研討會裡頭，所看到 3D 列印、遙控玩具、四軸飛行器或機器人的身影，更是創客們熱衷的技術。

Maker Faire 是全球最著名的創客活動之一，Maker Faire 結合全新元素的科學展覽和地區展覽，集結了所有年紀的科技愛好者、工藝家、教育家、修補工、業餘愛好者、工程師、科學社團、作家、藝術家、學生還有商業展示者。Maker Faire 之所以設立展覽，主要是針對那些探究事物的新型式以及新科技而有遠見又樂於呈現的 Maker。這不只是在技術領域的推新，其志向更遠在科學、工程、藝術和工藝等跨領域的實驗與創新，台灣也於 2013 年開始每年舉辦 Maker Faire。(Maker Faire Taipei 網站：http://www.makerfaire.com.tw/)

以下這幾個影片都是創客們自己手工打造出來的，不論是擬真度百分百的瓦力，或是具有殺傷力的雷射機器人，都相當饒富創意。

Note

- 瓦力機器人（左上）：https://goo.gl/kqtre6
- 樂高遙控車（左下）：https://goo.gl/GySqQh
- 四軸飛行器（右上）：https://goo.gl/rvND8D
- 雷射蜘蛛機器人（右下）：https://goo.gl/b2sKBl

◉ 藝術創作

早在傳感器誕生之前，就已經有著不少運用機械原理的互動式裝置藝術，而自從電腦與各種電子零件、傳感器的日益進步，互動與裝置藝術可以發揮的創意也就更加無拘無束，小從電腦螢幕的網頁互動藝術，大至整個牆面或整棟建築的互動投影，在我們的日常生活都屢見不鮮，在國際上，更有許多大型藝術活動，藝術家與創作者天馬行空的想像，透過現代科技的實現，傳達出千變萬化的奇幻美感。

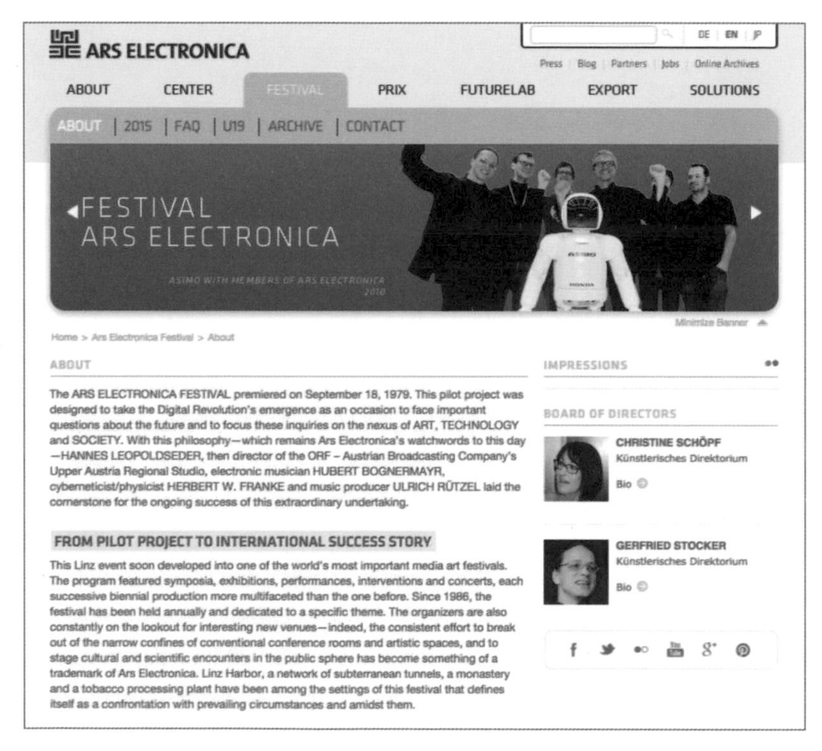

⬆ 奧地利電子藝術節網站：http://www.aec.at/festival/en/

在台灣，許多的藝術學校也紛紛投入相關領域，每年舉辦的新一代設計展、放視大賞等大型畢業展覽活動上，都不乏出現許多互動與裝置藝術的身影，早年更由台北藝術大學的一群熱血學生，成立了 Arduino.TW 的網站，當中更介紹了許多互動裝置的技術與知識。(http://arduino.tw/)

其實在國際上，結合科技與藝術的實驗室或組織不勝枚舉，除了以上介紹的兩個之外，以下列出幾個比較著名的組織網站，每個內容蘊含了十足的創意與無盡的想像空間，在在都凸顯了科技與藝術密不可分的關係。

Note

- ACM SIGGRAPH（http://www.siggraph.org/）
- ISEA（http://www.isea-web.org/）
- AEC Future Lab（http://www.aec.at/futurelab/en/）
- MIT Media LAB（http://www.media.mit.edu/）
- ZKM（http://on1.zkm.de/zkm/e/）

智慧生活

智慧生活是近幾年很夯的名詞，舉凡智慧手機、智慧家電、智慧監控、智慧車 ... 等，凡事與我們生活息息相關的用品，只要透過各種傳感器與網路串聯，就可以大幅節省時間，讓生活更為便利，也因如此，也造就了許多新興行業的興起（例如專門設計 APP 的公司、智慧電視廠商、智慧汽車、大數據分析商 ... 等），因為網路的便捷，逐漸改變了我們的生活。

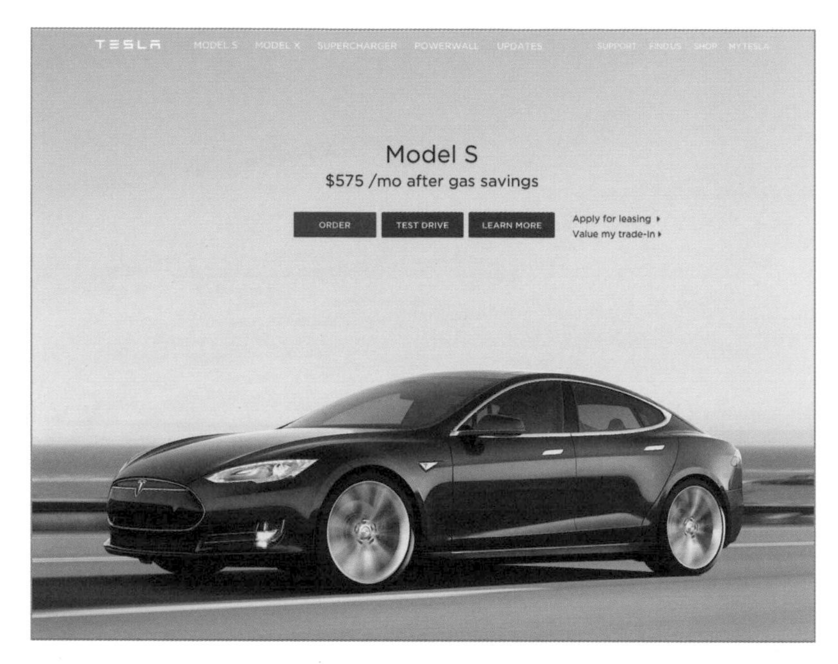

特斯拉電動車網站： http://www.teslamotors.com/

1.2 認識 Arduino

在 2005 年，由於市面上的微電腦控制裝置價格不菲，相關的程式語言對於學生或互動設計師來説也十分複雜難懂，因此，在義大利 Interaction Design Institute Ivrea 互動設計學院任教的 Massimo Banzi 與 David Cuartielles 教授，便找了幾位志同道合的夥伴，開始著手設計一套可以快速設計與整合互動作品的微電腦裝置，希望能幫助學生學習電子與感測器的基本知識，而 Arduino 名稱，是從一位十一世紀的義大利國王 Arduino 而來。

Arduino 價格便宜，而且是 open source 的開放式微電腦控制板，同時 Arduino 也提供了對應的程式開發工具，因為容易上手，所以廣受全世界的教師、學生、開發者和互動設計師所喜愛，並運用 Arduino 創造各種創新的應用與設計。

2012 年，Arduino 創辦人 Massimo Banzi 在 TED 大會的演說，介紹了許多有趣的 Arduino 應用與展望（網址：http://goo.gl/oOtn83）

1.3 基礎知識補充

從下一章開始，就要使用到一些電子零件，因此必須要具備一些基礎的物理知識，以下將會介紹一些電子電路的專有名詞，爾後的教學裡，也會常常出現他們的身影。

電源

電源通常是指電力的來源。可能是供應電力的系統或裝置，或是其他能夠對負載提供能量輸出的電源，對於小型的系統裝置，我們會使用電池作為電源。

電壓

電壓的概念和水位高低所產生的「水壓」類似，水位的高低會有水位差，電壓也是由於「電位差」所造成，也可稱之為「電位差」或「電勢差」，單位是「伏特」(volt，簡寫為 V)。電壓不但具有大小，還有方向，電位高者稱為「正極」，低電位則是「負極」，因此電壓不但具有大小，還有方向。

◉ 電流

電荷在導體（電線、金屬 ... 等可以容易讓電荷流通之物體）內流動的現象，稱之為電流，單位是「安培」(ampere，簡寫為 A)。電流就好比水流，會從高電位流向低電位（就如同水往低處流）。

◉ 接地

在 Arduino 或 Webduino 裡頭有 GND 的腳位就是「接地」，代表「低電位」或「負極」，實際組裝的時候，往往會共用一個 GND，我們稱之為「共同接地」或「共地」，如此一來，電路中所有的電壓，就能有一個相同的參考基準點。

◉ 電阻

阻礙電流流動的因素叫做電阻，單位是「歐姆」(Ω 或 Ohm)，就如同河流裡的石頭會阻礙河流的水流流動。電阻可以降低與分散電路中電子零件所承受的電流，避免元件損壞，電阻值通常可由電阻本身的顏色環或色碼進行識別。

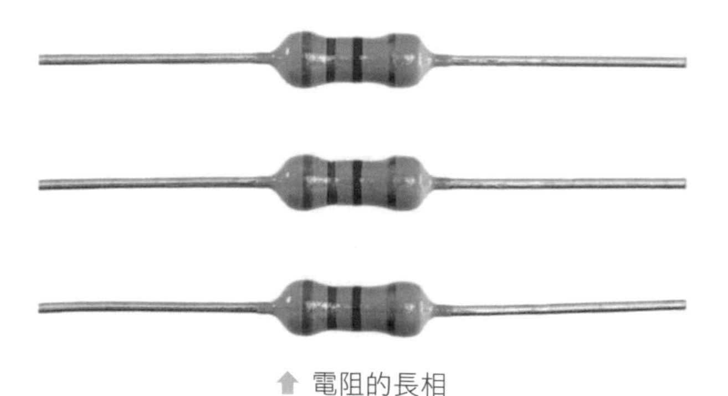

⬆ 電阻的長相

色碼(Color)	代表數字 (Significant figures)	倍率 (Multiplier)	誤差 (Tolerance)		溫度系數 (Temp. Coefficient) (ppm/K)	
黑(Black)	0	$\times 10^0$	–		250	U
棕(Brown)	1	$\times 10^1$	±1%	F	100	S
紅(Red)	2	$\times 10^2$	±2%	G	50	R
橙(Orange)	3	$\times 10^3$	–		15	P
黃(Yellow)	4	$\times 10^4$	–		25	Q
綠(Green)	5	$\times 10^5$	±0.5%	D	20	Z
藍(Blue)	6	$\times 10^6$	±0.25%	C	10	Z
紫(Violet)	7	$\times 10^7$	±0.1%	B	5	M
灰(Gray)	8	$\times 10^8$	±0.05%	A	1	K
白(White)	9	$\times 10^9$	–		–	
金(Gold)	–	$\times 10^{-1}$	±5%	J	–	
銀(Silver)	–	$\times 10^{-2}$	±10%	K	–	
透明(None)	–	–	±20%	M	–	

1. Any temperature coefficent not assigned its own letter shall be markd "Z", and the coefficient found in other documentation.
2. For more information, see EN 60062.

電阻色碼表　資料來源：維基百科

◉ 電容

電容就是電的容器，單位是「法拉」（Farad，簡寫為 F），代表電容所能儲存的電荷容量，當電容越大表示儲存的電荷越多。電容類似一個蓄水池，可以控制水位的平衡和穩定，舉例來說，長江旁有個著名的湖泊洞庭湖，當上游突然洪水泛濫，洪水將會先流進洞庭湖，下游的水流仍然保持平穩。

電容的長相

◉ 短路

當電源地正極直接與負極連接，也就是正極和負極中間的電阻值「不正常的小」，根據歐姆定律（電壓 = 電流 × 電阻）， 如果電阻非常小，則電流就會非常大，進而造成電路或電路上頭的電子零件燒毀，因此短路非常的危險，千萬要注意。

⬆ 這是一部有趣的影片，將口香糖的錫箔紙接在電池的正極與負極，瞬間就會引發短路而燃燒，影片網址：https://youtu.be/_LAunryCu9c

◉ 麵包板

麵包板也叫做免焊萬用電路板，隨插即用，方便進行各種電子電路的測試，因為相當方便，如同麵包一般隨手可得，因此叫做麵包板。

⬆ 麵包板外觀

Chapter 2

認識 Webduino

在 2015 年，一個高雄的熱血創意團隊，實現了真正用 Web 串接 Arduino 的完整過程，透過 Web Components，純粹撰寫 HTML 與 Javascript 的網頁語法，就能夠玩轉各式各樣的傳感器，為廣大的開發者和網頁設計師，創造了前所未有的開發模式。

2.1 什麼是 Webduino？

◉ 緣起

Webduino 名稱的由來，就是 Web 和 Arduino 這兩個單字的組合，雖然 Webduino 這個詞早在 2012 年就已經有人提出，但仍然停留在「能夠讓 Arduino 上網」的階段，而本書所提及之 Webduino，除了可以讓 Arduino 上網，更可以「雲端更新韌體程式」、「用各種程式語言開發」以及「使用 Wifi 控制」，真正實現了 Web 與 Arduino 的完美結合，不再只需要 C/C++ 才能進行開發，完美的實現了物聯網的創意與想法。

◉ Webduino 與 Arduino 的差異

許多人都會誤會 Webduino 是要搶佔 Arduino 的市場，但實際上 Webduino 賦予了 Arduino 原本沒有的功能：「用 Web 開發」及「Wifi 控制」簡化了 Arduino 的開發過程，為原本 Arduino 的開發者縮短開發時程、降低開發門檻，創造一個全新的體驗和開發模式，更讓許多原本不懂該領域的開發者、設計師或學生們，可以更輕鬆愜意的跨入物聯網的領域，更方便快速的學習研究。

	Arduino	Webduino
開發語言	C / C++	HTML / JavaScript
開發環境	Arduino IDE	瀏覽器 / ...
連接方式	USB	WiFi
更新程式	連接燒錄	立即更新

◉ 控制原理

Webduino 採用 Wifi/4G 進行控制，當 Webduino 連上網路，就會自動與相對應的伺服器進行連線，當我們使用了與伺服器對應的 Web Components，就能夠透過 Javascript API 來操控 Webduino 上頭的各個腳位。而通用版本的 Webduino 都會連線到 Webduino 的伺服器，如果有自己架設伺服器的需求，Webduino 也有推出個人或企業私有雲的版本，如此一來就可以將 Webduino 應用在小區域的範圍，用更簡單的方式建置物聯網應用與服務。

2.2 Webduino 的特色

◉ 網頁開發（支援各種程式語言）

Webduino 主要使用 HTML5、Javascript 進行開發，未來也可以使用 Python、Java、.NET 和 PHP 等主流程式語言實作，不侷限於 C/C++ 的程式語言。

◉ 跨平台

不論是 Windows、Mac、Android 或 iOS，Webduino 都可以順利運行，輕鬆實現跨平台的控制。

◉ Wifi 控制

Webduino 採用 Wifi 控制，只要連上網路就能利用 Webduino 建置物聯網的應用服務，不受任何地域與距離的限制。

◉ 線上編輯工具

Webduino 提供 Blockly 線上編輯與學習工具，不僅可以直接透過瀏覽器做出應用，更可以產生標準的程式碼，大幅降低學習門檻（http://blockly.webduino.io）。

2.3 Webduino 初始化流程

實作 Webduino 之前，最重要的就是進行初始化設定，初始化設定的目的在於讓 Webduino 可以自動上網，就如同我們買了一支手機回家，要設定手機的 wifi，才能夠讓手機連結家裡的 Wifi 上網，Webduino 也是如此。

◉ 步驟 1：切換設定模式

Webduino 上面有一顆可以扳動的小按鈕，將按鈕扳動至設定模式（STA 模式，如下圖），就可以開始進行初始化設定。

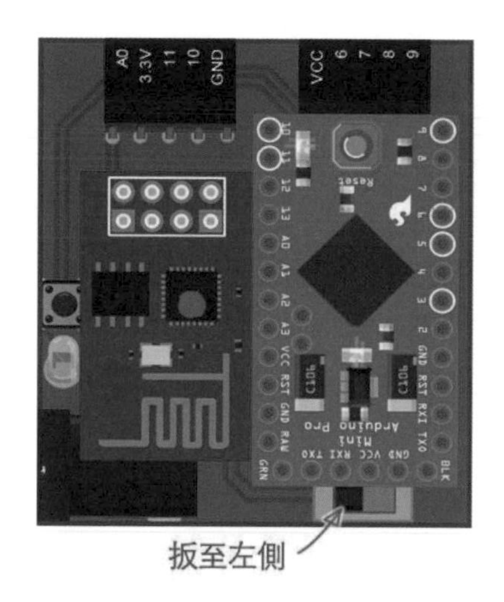

◉ 步驟 2：使用 wifi 搜尋 Webduino 開發板

使用電腦或行動裝置，打開 wifi 搜尋對應的 Webduino 名稱，點選之後輸入密碼，即可讓電腦或行動裝置與 Webduino 連線，Webduino 的名稱與密碼會寫在「裝置說明卡」裡頭，通常為「wa」開頭。（範例名稱為 wa101）

◉ 步驟 3：連線 Webduino 進行設定

打開 Chrome 瀏覽器（因為使用 Web Components，所以建議使用 Chrome 比較不會有問題），於網址列輸入「 http://192.168.4.1 」，即可打開 Webduino 的設定頁面，在設定頁面輸入家裡、公司場所或行動裝置分享的網路基地台 SSID 與 PASSWORD。

> **Note**
>
> 此處的 SSID 為「網路基地台」的 SSID，並非 Webduino 的名稱，千萬不要填成裝置說明卡上頭的 SSID 與 PASSWORD，且 SSID 與 PASSWORD 有限制 14 個字元，只能使用大小寫的英文字母與數字的組合，要特別注意！

◉ 步驟 4：重啟 Webduino

輸入完 SSID 與 PASSWORD 之後，點選送出，若出現「OK」的字樣，表示 Webduino 已經初始化成功，並且可以和家裡、公司場所或行動裝置分享的網路基地台連線（若遲遲沒有出現 OK 字樣，表示初始化設定不成功，返回步驟 2 重新開始），此時移除開發板電源，再將按鈕扳至 AP 模式（如下圖），重新接上電源即可進行重啟。

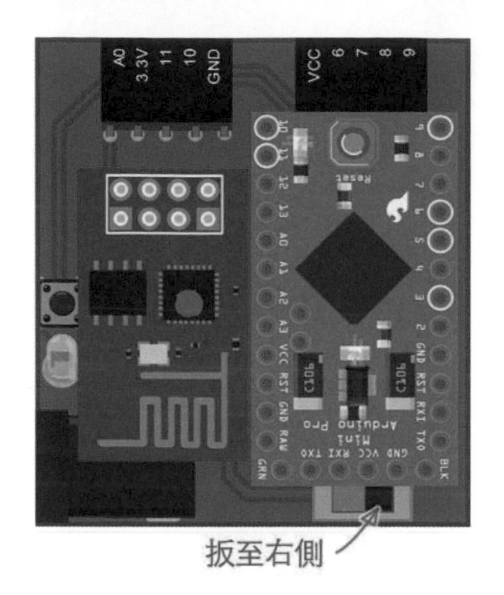

◉ 步驟 5：確認連線是否成功

重啟後，便可將電腦或行動裝置切回正常的網路連線，並連結「https://webduino.io/device.html」，輸入對應的 device 名稱確認是否連線成功，如果連線成功會出現 OK 的顯示，即可開始啟用 Webduino（若網頁上遲遲沒有出現 OK 字樣 ，則需重啟 Webduino 或返回步驟 2 重新初始化設定）。

除了利用網頁判斷之外，還有另外一個判斷方式，在 Webduino 上有一個紅色的小 LED 燈，正在連線時紅色 LED 會發亮，連線成功後就會熄滅，若 LED 燈持續發亮，表示沒有連線成功，這時請重啟 Webduino，或返回步驟 2 重新初始化設定。

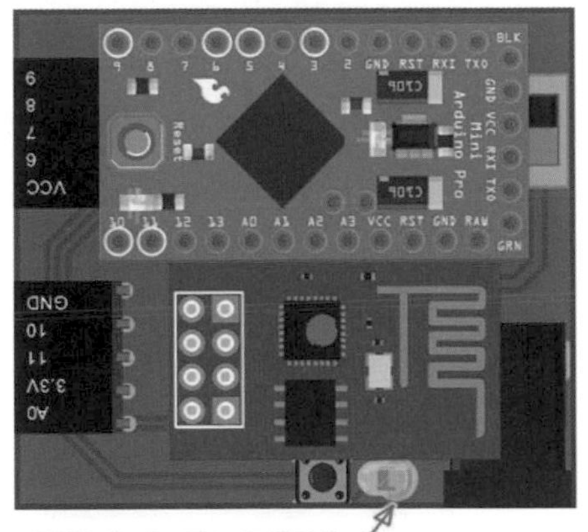

◉ 步驟 6：初始化設定完成

進行到此步驟，表示 Webduino 已經可以自行連上家裡、公司場所或行動裝置分享的網路基地台，並自動連結上雲端伺服器，就可以開始透過 wifi 去控制 Webduino 囉！

如果對於初始化設定的步驟仍有不瞭解，也可以透過 Webduino 初始化設定影片的介紹，一步步完成初始化的設定。

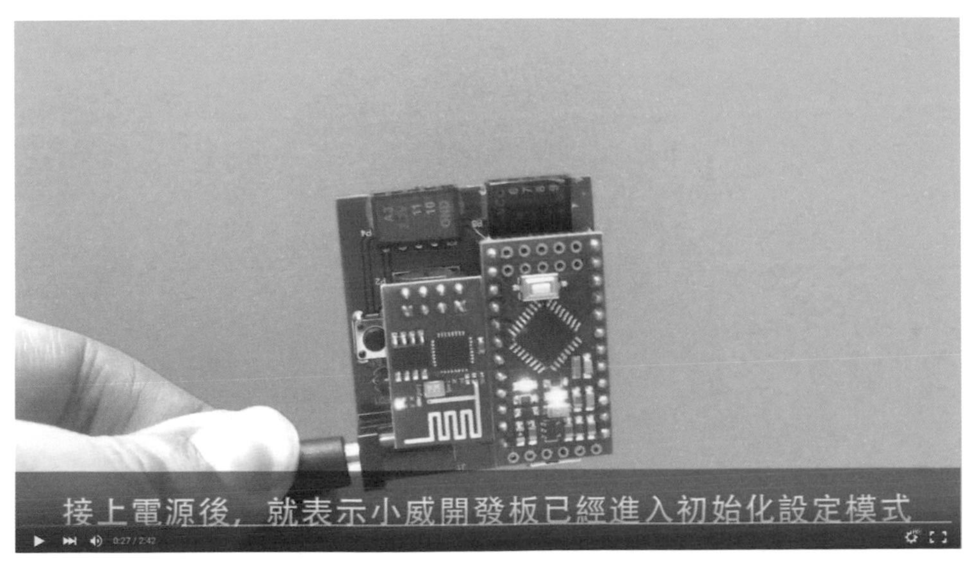

⬆ 影片網址：https://youtu.be/cwzpAK_0f2I

MEMO

3

Chapter

快速上手 HTML

由於 Webduino 的開發是透過網頁技術實現，因此必須要有基本的網頁開發知識，接下來將會使用三個章節的篇幅，介紹一些基本的網頁程式（HTML、CSS、Javascript）。

3.1 HTML 簡介

透過瀏覽器瀏覽網頁時看到的是文字，網頁上大部分的文字是格式化過的文字，而非純文字。現今的網頁設計師能使用數百種不同的字體、大小、顏色甚至各種非拉丁字元，瀏覽器大多能正確呈現。網頁還包含圖片、影片或背景音樂。有時會有下拉選單、搜索框或連結，讓你能進入其他頁面。有些網站甚至能讓用戶按照自己的偏好，調整頁面的顯示方式，以符合個人所需（例如克服視覺障礙、聽障或是色弱等）。網頁通常包含一個可隨畫面捲動的內容區塊，而頁面的其餘部分則保持靜態。

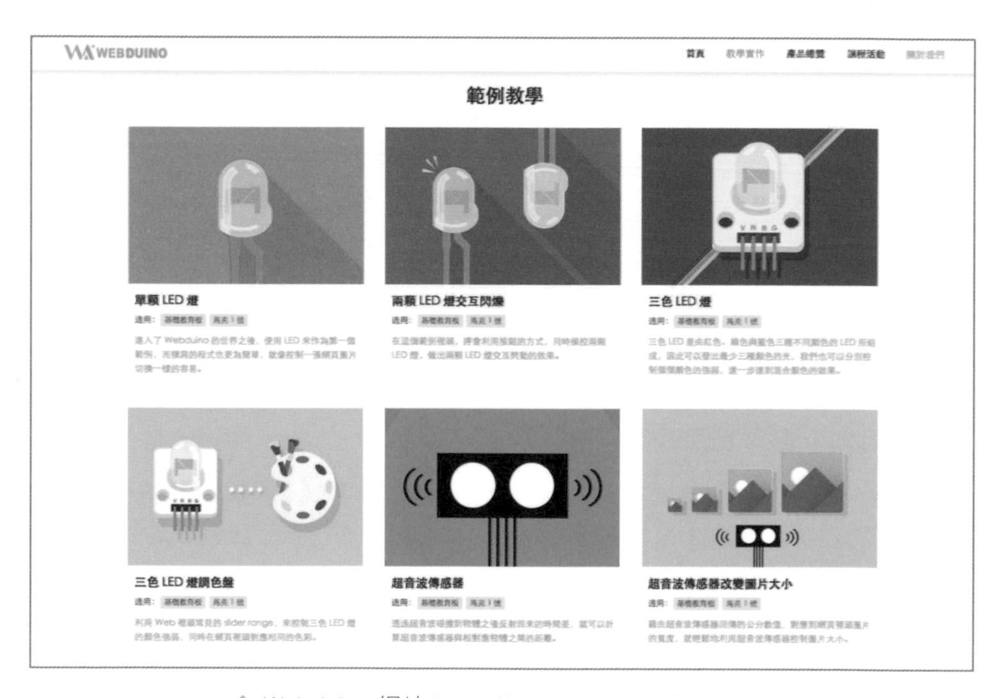

⬆ Webduino 網站 https://webduino.io/tutorials.html

HTML 是 Hyper Text Markup Language（超文字標記語言）的縮寫，一種標記語言。所謂的標記語言，是一種使用特定語法的語言，告訴瀏覽器該如何顯示一個網頁。HTML 使用一組預先定義好的元素來定義內容的類型，元素由一或多個「標籤」（HTML tag）組成，包含或表示某種內容。標籤通常由「小於符號」起始，而以「大於符號」作結束，並會成對出現，例如：<p></p>、<b></b>。

HTML 由一系列的元素組成，元素定義了內容的語意。元素由兩個相搭配的標籤及其間的東西組成。舉例來説，「<p>」這個元素代表段落、「<img>」元素代表圖片。HTML 元素頁面中有完整清單。

元素具有非常精確的含義，如「這是一張圖片」、「這是一個標題」或「這是一個有序列表」；有些的語意則較不精確，例如「這是頁面上的一個區塊」或「這是文本的一部分」；而其他元素則用於技術所需，諸如「這是頁面識別資訊，所以別顯示出來」。無論如何，所有的 HTML 元素都具有各自的語義。

大部分元素可能會包含其他元素而形成階層式結構。一個非常簡單的完整網頁看起來像這樣，<html> 元素包圍住文件其餘的部分，<body> 元素則包圍住頁面內容。這種結構通常被想像成樹枝（在這個範例中的 <body> 和 <p> 元素）從樹幹（<html>）上生長出來。這個階層的結構，被稱為 DOM（文件物件模型）。

```
<html>
<body>
<p>基礎網頁程式設計 (HTML、CSS)</p>
</body>
</html>
```

一份簡短但完整的文件還必須包含第一行的 doctype 宣告及 <head>。doctype 宣告不是 HTML 標籤，其作用是告知瀏覽器目前頁面使用的 HTML 版本，而 <head> 標籤通常放在網頁的開頭，所以才稱為 head 標籤，標準的 head 標籤會用一個 <head> 作為開頭，再以一個 </head> 標籤作為結尾，兩個標籤之間就可以用來放很多網頁資訊，除了 title 標籤之外，其他幾乎都是給瀏覽器看或者是用來導入其他外掛用的，可以放在 <head></head> 標籤之間的常見功能如 meta tag、link tag、base tag、style、script ... 等這些。

```
<!DOCTYPE html>
<html lang="en">
<head>
<title>基礎網頁程式設計 (HTML、CSS)</title>
</head>
<body>
```

```
<h1>主標題</h1>
<p>基礎網頁程式設計 (HTML、CSS)</p>
</body>
</html>
```

3.2 認識 HTML 標籤

HTML 文件是以純文字的格式撰寫。你可以使用任何讓你存成純文字格式的編輯器來寫 HTML（例如記事本、Sublime Text、dreamweaver... 等），但大多數的 HTML 作者偏好使用專門的編輯器，可以以顏色突顯語法並顯示內容元素（DOM）的結構。

標籤名字可以寫成大寫或小寫，然而 W3C（維護 HTML 標準的國際組織）建議使用小寫，在 HTML 中，小於符號（<）和大於符號（>）之間的所有東西都具有特殊意義。這種標記被稱為一個標籤。請記住要撰寫結束標籤，雖然有些標籤會自動結束，但其他可能就會造成意外的錯誤。

下面是一個簡單的例子，這個例子中，有一個開始標籤和結束標籤。結束標籤與開始標籤相同，只在小於符號前多了一個「斜線」，而大多數 HTML 元素都需同時使用開始與結束標籤。想要撰寫正確的程式，你必須維持開始與結束標籤的正確巢狀結構。也就是，結束標籤必須依開始標籤的反向順序排列。

```
<p>這是段落中的文字。</p>
```

3.3 HTML 元素屬性

屬性包含在標籤內，它提供了 HTML 元素更多額外的資訊。屬性通常由兩部分組成：「屬性的名稱」和「屬性的值」，屬性的值僅一個單詞或數字，可以直接寫上，但包含空白符號的值則必須以引號括住（單引號「'」或雙引號「"」皆可），舉例來說，下面的範例是定義了。

id

id 就如同我們的身分證字號，在一個網頁只會有一個 id，網頁內的每個元素都可以指定一個 id 名稱，寫法如下：

```
<p id="test"></p>
```

class

class 是類別，如同我們的姓名或暱稱，在一個網頁裡頭可以重複出現，每個元素都可以指定多個 class 名稱，並可用空白隔開，寫法如下：

```
<p class="test1 test2 test3"></p>
```

style

style 泛指網頁內元素的樣式，透過 style 可以控制各個元素的長寬、顏色、位置 ... 等外觀樣式屬性，詳細的寫法會在後半段的 CSS 介紹。

```
<p stlye="color:red"></p>
```

title

title 屬性明定了元素額外的訊息，可在滑鼠移到具有 title 屬性的元素上時，出現 title 提示文字，寫法如下：

```
<p title="我是 title"></p>
```

3.4 常用 HTML 標籤

由於 HTML 所有的標籤相當繁多（HTML5 之後更額外增加了不少），以下將介紹部分常用的標籤，如果想瞭解完整的標籤，可以前往 W3C 的網站瞭解（http://dev.w3.org/html5/html-author/）。

◉ 標題

HTML 有分不同重要程度的標題標籤，從最重要的標題 h1 開始到最不重要的 h6 標題，在瀏覽器預設情況下，h1 的字體最大，h6 的字體最小，不過這些預設字體的大小都可以透過 CSS 樣式表來做修改，通常會建議網頁的主標題只有一個，並且用 h1 表示。

```
<h1>This is a heading</h1>
<h2>This is a heading</h2>
<h3>This is a heading</h3>
<h4>This is a heading</h4>
<h5>This is a heading</h5>
<h6>This is a heading</h6>
```

This is a heading

This is a heading

This is a heading

This is a heading

This is a heading

This is a heading

◉ 段落

p 標籤定義段落，瀏覽器會自動在其前後加上這些空間，當然也可以在 CSS 樣式表中設定。

```
<p>這是段落中的文字。</p>
<p>這是段落中的文字。</p>
<p>這是段落中的文字。</p>
```

這是段落中的文字。

這是段落中的文字。

這是段落中的文字。

◉ 折行

 是一個簡單的折行符號，它「沒有」結束標籤，所以寫成
</br> 是錯誤的。

```
<p>這是段落中的文字。<br/>折行的文字。</p>
```

這是段落中的文字。
折行的文字。

◉ 水平線

HTML 中的 <hr> 標籤代表的是水平分隔線，從早期的 HTML 語法就已經存在，幾乎所有主流的瀏覽器都支援，我們也可透過 CSS 進行樣式的修改設定。

```
<p>這是段落中的文字。</p>
<hr/>
<p>這是段落中的文字。</p>
```

```
<hr/>
<p>這是段落中的文字。</p>
```

這是段落中的文字。

這是段落中的文字。

這是段落中的文字。

◉ 文字（粗體、斜體、刪除線、上標、下標）

設定文字的樣式是網頁設計裡最基本的學問，透過文字的編排，更能讓觀眾了解網頁內容重點所在，除了直接使用標籤，也可以透過 CSS 來進行修改設定。

```
<p>我是一般的文字</p>
<p>我是<strong>粗體文字</strong></p>
<p>我是<i>斜體文字</i></p>
<p>我是<del>刪除線文字</del></p>
<p>我是<sub>下標文字</sub></p>
<p>我是<sup>上標文字</sup></p>
```

我是一般的文字

我是**粗體文字**

我是*斜體文字*

我是~~刪除線文字~~

我是$_{\text{下標文字}}$

我是^{上標文字}

圖片

<img> 圖片標籤是 HTML 插入圖片的標準語法，<img> 的用法僅需單一個 <img> 即可插入一張圖片；<img> 的「src 屬性是必填項目」，src 用來標示圖片的網址（url），沒有 src 屬性，則瀏覽器將無法判斷要顯示的圖片是哪一張；而 alt 屬性表示「圖片替代文字」，當圖片無法呈現時，可以顯示 alt 的文字內容。(圖片的長寬或邊框等樣式，都可以藉由 CSS 進行調整。)

```
<img src="https://webduino.io/img/buy/package-02-01s.jpg" alt="webduino">
```

span

span 宣告一段文字行，我們也可在此段文字行加入 id、class、style... 等屬性。因為 span 是行內 (inline) 的屬性，所以除非我們在 CSS 有做額外的修改設定，不然預設是不會擠壓到另外一段 span 導致其換行（如果是具有 block 性質的 div，則會造成另外一個 div 強迫換行）。

```
<span>我是第一個 span</span>
<span>我是第二個 span</span>
```

我是第一個span我是第二個span

div

div 是一個塊級 (block) 元素。這表示每個 div 都會自己有一行，除非我們在 CSS 有做額外的修改設定，不然使用 div，都會固定產生換行的表現。我們也可以添加 class 或 id 。

```
<div>我是第一個 div</div><div>我是第二個 div</div>
```

我是第一個 div
我是第二個 div

超連結

HTML 的超連結使用 a 的標籤，將欲連結的網址填在 href 的屬性裡頭，點選該標籤就會自動連結至相關的網址，除了 href 的屬性之外，超連結也可以利用 target 屬性，指定開啟網頁的方式，我們也可以透過 CSS 進行連結的樣式設定。

```
<a href="https://webduino.io">連結到 Webduino 網站</a><br/>
<a href="https://webduino.io" target="_blank">開新視窗連結到 Webduino 網站</a>
```

連結到 Webduino 網站
開新視窗連結到 Webduino 網站

表格

表格是網頁裡頭常見的標籤，為外圍是 <table></table> 包覆，橫列使用 <tr></tr> 表示一列，每列之內會有欄位，使用 <td></td> 代表一欄，如果設定 td 的屬性 colspan，表示要橫跨幾欄，設定 td 的屬性 rowspan 表示要橫跨幾列。

```
<table>
<tr>
<td>1</td>
<td>2</td>
<td>3</td>
</tr>
<tr>
<td colspan="2">4</td>
<td>5</td>
</tr>
<tr>
<td>6</td>
<td>7</td>
<td rowspan="3">8</td>
</tr>
<tr>
<td>9</td>
<td>10</td>
</tr>
<tr>
<td>11</td>
<td>12</td>
</tr>
</table>
```

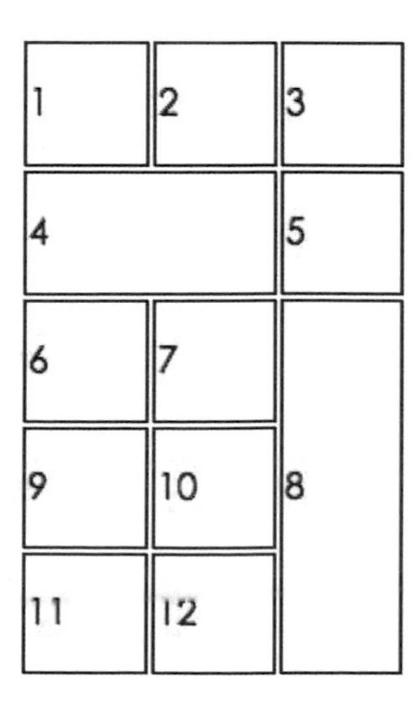

清單

清單可以呈現許多項目的列表，可以分為「無序清單」和「有序清單」，無序清單以 ul 標籤包覆 li 標籤，有序清單以 ol 標籤包覆 li 標籤，無序清單的預設樣式為實心圓點，都可以透過 CSS 的樣式設定來進行修改。

```
<ul>
<li>清單1</li>
<li>清單2</li>
<li>清單3</li>
<li>清單4</li>
</ul>
<ol>
<li>清單1</li>
<li>清單2</li>
<li>清單3</li>
<li>清單4</li>
</ol>
```

- 清單1
- 清單2
- 清單3
- 清單4

1. 清單1
2. 清單2
3. 清單3
4. 清單4

表單元素(文字欄位、按鈕、拉霸、選單)

表單元素通常作為與使用者互動使用，例如文字欄位讓使用者輸入文字，按鈕讓使用者點選(選項可設定是單選或複選)，以及一些下拉式的選單，表單元素通常會包含很多屬性，例如 name、value... 等，這些屬性分別定義了回傳的數值，或是表單元素是否為同一個群組，更多參考資訊可以參考 W3C 的文件(http://www.w3.org/TR/html5/forms.html#the-input-element)。

```
<p>
單行文字輸入（text）
<br/>
<input type="text"></input>
</p>
<p>
密碼文字輸入（password）
<br/>
<input type="password"></input>
</p>
<p>
多行文字輸入（textarea）
<br/>
<textarea></textarea>
</p>
<p>
單選（radio button，name 設定相同才是同一群）
<br/>
<input type="radio" name="a"></input>
<input type="radio" name="a"></input>
<input type="radio" name="a"></input>
</p>
<p>
多選（chcckbox，name 設定相同才是同一群）
<br/>
<input type="checkbox" name="a"></input>
<input type="checkbox" name="a"></input>
<input type="checkbox" name="a"></input>
</p>
<p>
拉霸（range）
<br/>
<input type="range" min="0" max="100" step="5" value="50"></input>
</p>
<p>
按鈕（button）
<br/>
```

```
<button>按鈕</button>
</p>
<p>
下拉選單
<br/>
<select>
<option>選項1</option>
<option>選項2</option>
<option>選項3</option>
<option>選項4</option>
</select>
</p>
```

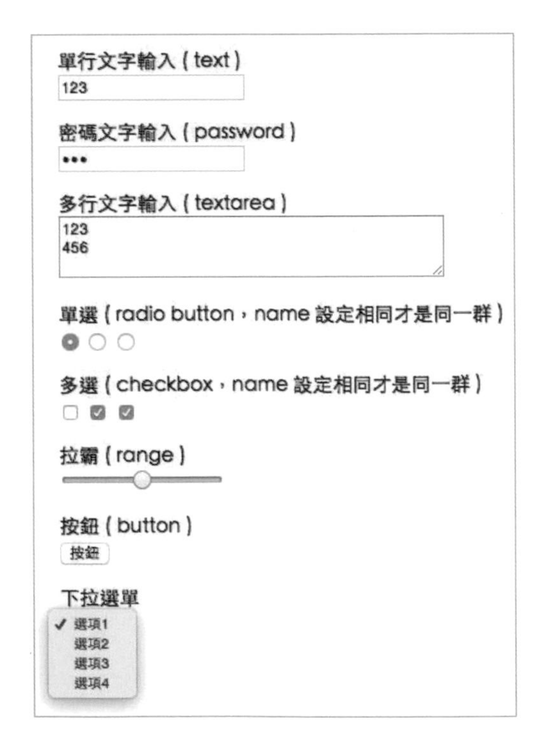

◉ 框架

框架（frame）就好比家中的書櫃，大書櫃內還可以放置其他的小櫃子，框架讓我們可以在同一個畫面呈現兩三個以上的網頁（不過這是比較早期的用法，近年來越來越常用後端的演算取代），最外圍的 frameset 設定了框架內容的排列，可以設定 col 為水平排列或 row 垂直排列，內容的 frame 就會依據設定的數值做排列，而 `frame` 裡頭還可以做 frameset 的設定，就可以一層層堆疊進去（不建議這樣做）。

```
<frameset rows="25%,50%,25%">
<frame src="/example/html/frame_a.html">
<frame src="/example/html/frame_b.html">
<frame src="/example/html/frame_c.html">
</frameset>
```

◉ iframe

iframe 是一種內嵌框架。例如，我們要把 youtube 內嵌到網頁中，就是會利用 iframe 的方式嵌入，抑或我們要把另外一個網頁嵌到另外一個網頁內，也可以使用 iframe 來完成，我們也可以利用 CSS 來定義 iframe 的外框長寬樣式。

```
<iframe src="https://webduino.io"></iframe>
```

◉ 註釋

在 HTML 裡，會使用「<!-- 註釋內容 -->」插入註釋，註釋的內容不會在瀏覽器當中顯示，但會出現在原始碼裡，適當的註釋可以幫助我們回顧程式碼的內容，或提示一些相關資訊。

```
<!-- 這是註釋的文字 -->
<p>這是沒有註釋的文字</p>
```

這是沒有註釋的文字

3.5 參考資源

以上，就是 HTML 的基本介紹，如果想要瞭解更多 HTML 的內容，可以參考以下幾個網站：

- HTML Tutorialh：https://docs.webplatform.org/wiki/html
- Learn to Code HTML & CSS：http://learn.shayhowe.com/html-css/
- HTML 基礎教程：http://www.w3school.com.cn/html
- HTML 介紹：https://developer.mozilla.org/zh-TW/docs/Web/HTML

4

Chapter

越來越夯的CSS

CSS 是什麼？以最簡單的方式來比喻的話，如果網頁是一個沒有穿衣服的人，那麼 CSS 就是這個人身上的衣服以及彩妝，凡是網頁上看得到的文字、圖片、表格、表單 ... 等，都可以看見 CSS 的身影。

4.1 CSS 簡介

CSS 是層疊樣式表（ Cascading Style Sheets ）的縮寫，是一種用來為結構化文件（ 如 HTML ）添加樣式（ 字型、間距和顏色等 ）的電腦語言，由 W3C 定義和維護。目前已經到了 CSS3 ，CSS3 現在也已被大部分瀏覽器所支援，CSS 定義了如何顯示 HTML 元素，就像 HTML 直接利用字體標籤和顏色屬性所發揮的作用那樣 (建議使用 CSS 而不要由 HTML 去做設定)。 樣式除了可以寫在 HTML 的 style 內，也會保存在外部的 .css 檔中，透過外部的 CSS 文件引入，就可以去改變網站中的佈局和外觀樣貌。

由於允許同時控制網頁內多個元素，也可讓多個網頁共用同一個 CSS，我們能夠為每個 HTML 元素定義樣式，並將之應用於多的頁面中。如需進行全域的更新，只需簡單地改變樣式，然後網站中的所有元素均會自動地更新。

4.2 CSS 語法介紹

CSS 的寫法由選擇器與屬性組成，選擇器後方會接上大括號「{}」，大括號內是屬性名稱與對應的值，各個屬性名稱由分號「;」區隔，整體結構如下圖：

以下面這個例子而言，<p></p> 標籤內的文字顏色是黑色，<h1></h1> 內的文字是紅色，<span></span> 內的文字是綠色並且加粗體。

HTML 程式碼

```
<h1>我是 h1</h1>
<p>我是 p <span>我是 p 裡面的 span</span></p>
```

CSS 程式碼

```
h1{
color:red;              /* 紅色 */
}
p{
color:black;          /* 黑色 */
}
span{
color:green;          /* 綠色 */
font-weight:bold;    /* 粗體 */
}
```

我是 h1

我是 p 我是 p 裡面的 span

下面的例子是使用 id 和 class 作為選擇器，可以指定特定的 id 或 class 的樣式，記得在選擇器裡，id 前方要加上「#」字號，class 前方要加上「.」的符號。

HTML 程式碼

```
<p>我是一般文字</p>
<p id="id1">我是 id1</p>
<p class="class1">我是 class1</p>
<p class="class2">我是 class2</p>
```

CSS 程式碼

```
p{
color:black;          /* 黑色 */
}
#id1{
```

```
color:red;          /* 紅色 */
font-weight:bold; /* 粗體 */
}
.class1{
color:green;        /* 綠色 */
}
.class2{
color:blue;         /* 藍色 */
}
```

我是一般文字

我是 id1

我是 class1

我是 class2

4.3 常用 CSS 屬性

以下將介紹一些常用的 CSS 屬性，如果對於 CSS 完整屬性有興趣的，可以參考以下這個網站：

- http://meiert.com/en/indices/css-properties/

邊界

邊界是定義網頁元素間距最重要的屬性，邊界基本上分為內邊界和外邊界，內邊界由 padding 定義，外邊界由 margin 定義，如果純粹寫 padding 或 margin，內含四個數值，分別是順時針方向的「上右下左」，除了直接寫 padding 或 margin，也可以在後方加上方向，就可針對固定方向的邊界值做設定。

padding：內邊界

```
.div-1{
padding:10px 10px 10px 10px; /* 可簡化為：padding:10px; */
}
.div-2{
padding:10px 10px 20px 10px; /* 可簡化為：padding:10px 10px 20px; */
}
.div-3{
padding:20px 10px 20px 10px; /* 可簡化為：padding:20px 10px; */
}
.div-4{
padding-top:10px;
padding-right:0;
padding-bottom:20px;
padding-left:5px;              /* 等同：padding:10px 0 20px 5px */
}
```

margin：外邊界

```
.div-1{
margin:10px 10px 10px 10px; /* 可簡化為：padding:10px; */
}
.div-2{
margin:10px 10px 20px 10px; /* 可簡化為：padding:10px 10px 20px; */
}
.div-3{
margin:20px 10px 20px 10px; /* 可簡化為：padding:20px 10px; */
}
.div-4{
margin-top:10px;
margin-right:0;
margin-bottom:20px;
margin-left:5px;              /* 等同：padding:10px 0 20px 5px */
}
```

區塊、圖片

div 和圖片最常設定的就是長寬尺寸，尺寸通常會用 px（像素）或是 %（百分比）。使用百分比要特別小心，因為百分比是相對於外層數值的百分比，如果外層沒有設定數值，則百分計算出來會是 0。

width：寬度

```
div{
width:100px;
}
img{
width:80%;
}
```

height：高度

```
div{
height:100px;
}
img{
height:80%;
}
```

文字

文字是 CSS 最常設定的元素，以下列出跟文字有關比較常見的屬性。

font-family：字體

字體可以載入特定字體，用逗號區隔，由前而後。如果使用者電腦沒有第一種字體，則會自動讀取第二種字體，如果全部都沒有，則會用使用者自己電腦的預設字體。

```
.text1{
font-family:'Arial','Verdana';
}
```

color：文字顏色

顏色在 CSS 裡可以直接用顏色的英文名稱表現（不過只有常見的顏色），或者使用十六進位的色碼表示，甚至也可用 rgba 的十進位數字來表現。(r：紅色 0~255 整數，g：綠色 0~255 整數，b：藍色 0~255 整數，a：透明度 0~1 小數)

```
.text1{
color:red;  /* 等同於 #ff0000 */
}
.text2{
color:rgba(255,0,0,1);  /* 等同於 #ff0000 */
}
```

font-size：文字大小

文字大小可用 px 或 pt 等單位表現，因為過小的字體不容易閱讀，不過在部分瀏覽器有限制字體大小最小為 12px。

```
.text{
font-size:12px;
}
```

font-weight：文字重量

文字重量可以用 100~900 的數字表示（取決於字體有沒有支援），或者也可以用 bold、normal、light 等預設的值表現。

```
.text1{
font-weight:bold;
}
.text2{
font-weight:normal;
}
.text3{
font-weight:600;
}
```

font-style：文字樣式

```
.text1{
font-style:normal;  /* 預設值 */
}
.text2{
font-style:italic;  /* 斜體 */
}
.text3{
font-style:oblique; /* 傾斜 */
}
```

text-decoration：文字裝飾

```
.text1{
text-decoration:none;           /* 預設值無樣式 */
}
.text2{
text-decoration:underline;     /* 底線 */
}
.text3{
text-decoration:overline;      /* 上方線 */
}
.text4{
```

```
text-decoration:line-through; /* 刪除線 */
}
.text5{
text-decoration:blink;          /* 閃爍 */
}
```

text-align：文字水平對齊

```
.text1{
text-align:left;       /* 預設值靠左對齊 */
}
.text2{
text-align:right;      /* 靠右對齊 */
}
.text3{
text-align:center;     /* 置中對齊 */
}
.text4{
text-align:justify;    /* 分散對齊 */
}
```

◉ 背景

設定背景可以用比較快速的 background 屬性進行綜合設定，這個屬性包含了 background-image、background-repeat 和 background-position 三個屬性。

background：綜合背景設定

```
div{
background:url(圖片網址) no-repeat 50% 50%;
}
```

background-color：背景顏色

```
div{
background-color:#ff0000;
}
```

background-image：背景圖

```
div{
background-image:url(圖片網址);
}
```

background-repeat：背景圖是否重複

```
.div-1{
background-repeat:no-repeat; /* 預設為 repeat */
}
.div-2{
background-repeat:repeat-x;  /* 水平方向重複 */
}
.div-3{
background-repeat:repeat-y;  /* 垂直方向重複 */
}
```

◉ 邊框

邊框和背景一樣，可使用一個屬性進行綜合設定，border 同時包含 border-style、border-width 和 border-color，除此之外，也可以透過 border-top、border-right、border-bottom、border-left 來針對各個方向獨立做設定。

border：綜合邊框設定

```
.div-1{
border:1px solid #000000;
}
.div-2{
border-right:1px solid #ff0000;
}
```

border-style：邊框樣式

邊框樣式具有以下幾種：none（無邊框）、hidden（無邊框）、dotted（點狀）、dashed（虛線）、solid（實線）、double（雙線）、groove（3D 凹槽）、ridge（3D 軫狀）、inset（3D inset）、outset（3D outset）

border-width：邊框寬度

```
.div{
border-width:2px;
}
```

border-color：邊框顏色

```
.div{
border-color:#000000;
}
```

◉ 超連結

- a:link：連結樣式
- a:hover：滑鼠移到連結上的樣式
- a: actived：點選連結時的樣式
- a:visited：有點選過的連結樣式

4.4 參考資源

以上，就是 CSS 的基本介紹，不過 CSS 的屬性族繁不及備載，如果想要瞭解更多 CSS 的內容，可以參考以下幾個網站：

- CSS Properties：http://meiert.com/en/indices/css-properties/
- Learn to Code HTML & CSS：http://learn.shayhowe.com/html-css/
- CSS 基礎教程：http://www.w3school.com.cn/css

5

Chapter

用Blockly玩轉JavaScript

如果說 HTML 是身體、CSS 是服裝，JavaScript 則可賦予身體動作，透過 JavaScript 我們可以做出千變萬化的網頁效果。而 Blockly 則是 Google 開發的教育程式方塊，近年來，美國總統歐巴馬更大力鼓吹學校使用 Blockly 教學，舉凡 App Inventor、Scratch... 等套裝軟體都採用 Blockly 作為基底，本章節也將會由 Blockly 出發，玩轉 JavaScript。

5.1 認識 JavaScript

JavaScript（通常也簡寫為 JS），是一個輕量、易讀、具有物件導向的程式語言，大多數人也稱為網頁的腳本語言，JavaScript 具備跨平台的能力，可以在各種平台的瀏覽器上運行（不過最新版本的 JavaScript 在不同瀏覽器有支援度不同的問題）。

JavaScript 是由 Netscape 公司發明，而 JavaScript 的第一次應用也是在 Netscape 瀏覽器。然而，Netscape 後來和 Ecma International 合作，開發一個基於 JavaScript 核心並同時兼具標準化與國際化的程式語言，這個經過標準化的 JavaScript 便稱作 ECMAScript，ECMAScript 和 JavaScript 有著相同的應用方式並支援相關標準。各個公司都可以使用這個開放的標準語言去開發 JavaScript 的專案。

許多人都會誤把 JavaScript 當作 Java，或誤認彼此有絕對的關係，但它們雖然在某些方面非常相似，但本質上卻是不同的。JavaScript 雖然和 Java 類似，卻沒有 Java 的靜態定型（static typing）及強型態確認（strong type checking）特性。JavaScript 遵從 Java 大部分的表達式語法、命名傳統和基本的流程控制概念。

JavaScript 和 Java 相比起來，算是一個格式非常自由的語言。不需要宣告所有的變數、類別（class）、方法，也不需要注意哪些方法是公有（public）或私有（private）或受保護的（protected），不需要實作介面（interface），變數、參數及函式回傳的型態並不是顯性型態。

如果要在網頁裡面使用 JavaScript，必須要像下面這種寫法，用 <script> </script> 的標籤包住程式碼，才能順利執行。

```
<script>
    var a = 123;
</script>
```

我們同樣也可以載入外部的 JavaScript，載入方式就是使用 src 的屬性即可。

```
<script src-” 外部的 JavaScript 網址” ><script>
```

然而 JavaScript 並非三言兩語就可以完全講解清楚（專門介紹 JavaScript 的書籍通常都多達兩三百頁以上），因此本章節會介紹 Blockly 基本的操作方式。

5.2 認識 Blockly

Blockly 的發展始於 2011 年夏天，再 2012 年 5 月進行了第一次的公開發佈，Blockly 是一個以網頁為基礎的圖像設計編輯工具，只要拖曳積木方塊，就可以創造屬於自己的應用程式，過程中完全不需輸入文字，完成之後更可將 Blockly 程式匯出成 JavaScript、Python 或 XML ... 等程式，Blockly 基本操作介面的左側為「積木工具列」，使用者可以將「積木工具列」的「積木」拖拉到中間的工作區域進行組合，不用的積木也可以直接拖拉積木到右下方的垃圾桶丟掉即可。

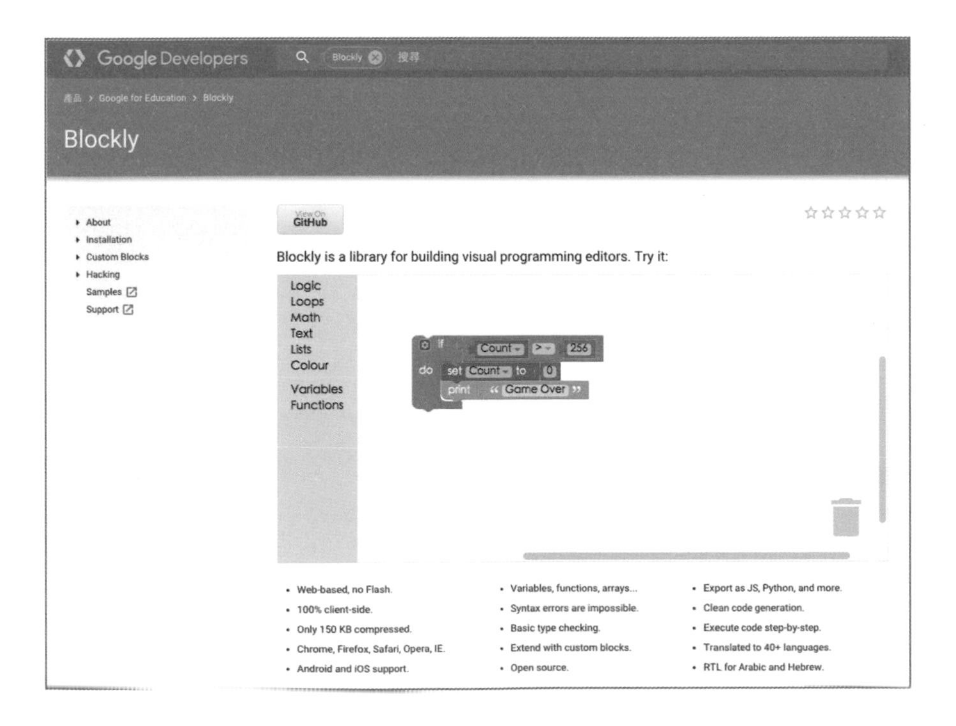

Blockly 是一個 Google 的開放源碼（OpenSource） 的專案，對於開發者而言，可從 Github 或 Blockly 的網站輕鬆獲取完整的程式碼進行改造，並編譯為任何開發語言。開啟下載的專案後，除了基本的介面外，上方額外新增了一些切換頁籤，透過這些頁籤可以清楚瞭解 Blockly 所轉換的程式碼長相，透過點選右上方的紅色按鈕，就可以執行對應的 Blockly 程式。

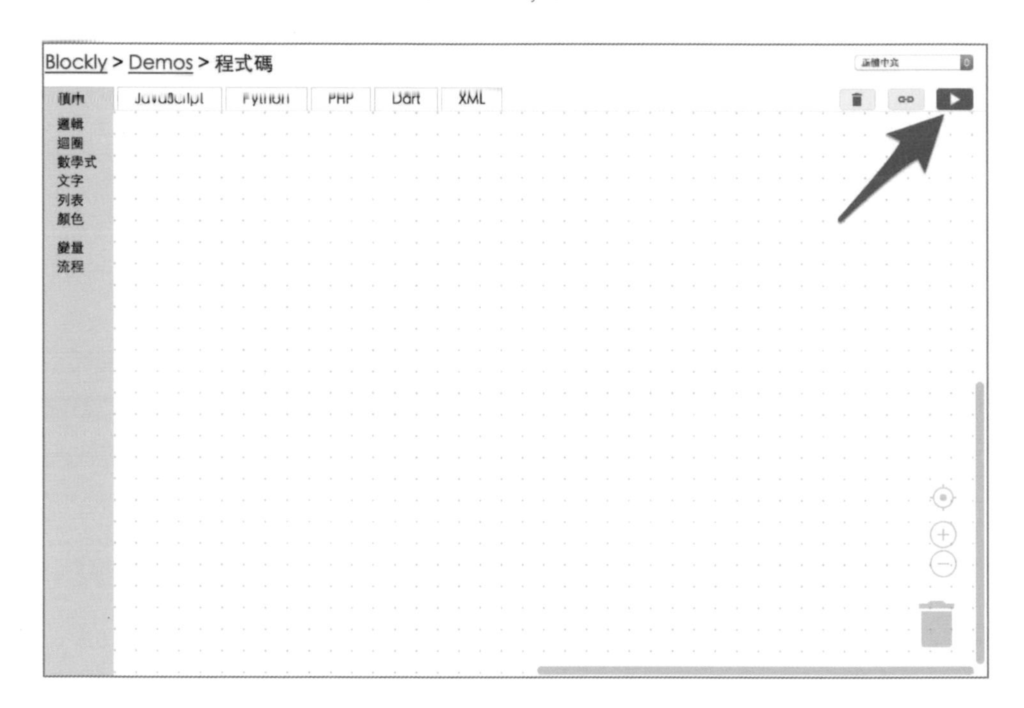

Blockly 也有推出一套名為 Blockly Games（https://blockly-games.appspot.com）的程式學習遊戲，目標族群是 5 ～ 12 歲的兒童與程式設計新手，這是一套介紹各種程式設計概念的遊戲，包括圖塊的拼接與設定方式，簡單的迴圈與條件概念，條件與控制教學等等。Blockly Games 目前主要共有 7 個小遊戲，分別是拼圖（Puzzle）、迷宮（Maze）、小鳥（Bird）、烏龜（Turtle）、電影（Movie）、池塘鴨子砲台（Pond）和 JS 池塘鴨子砲台（JS Pond）。每個遊戲內又分了許多的小關卡，難易度會隨著關卡的進行提升，此外，遊戲還有包含多個國家語系，因此幾乎全世界的孩童都能輕鬆學習。

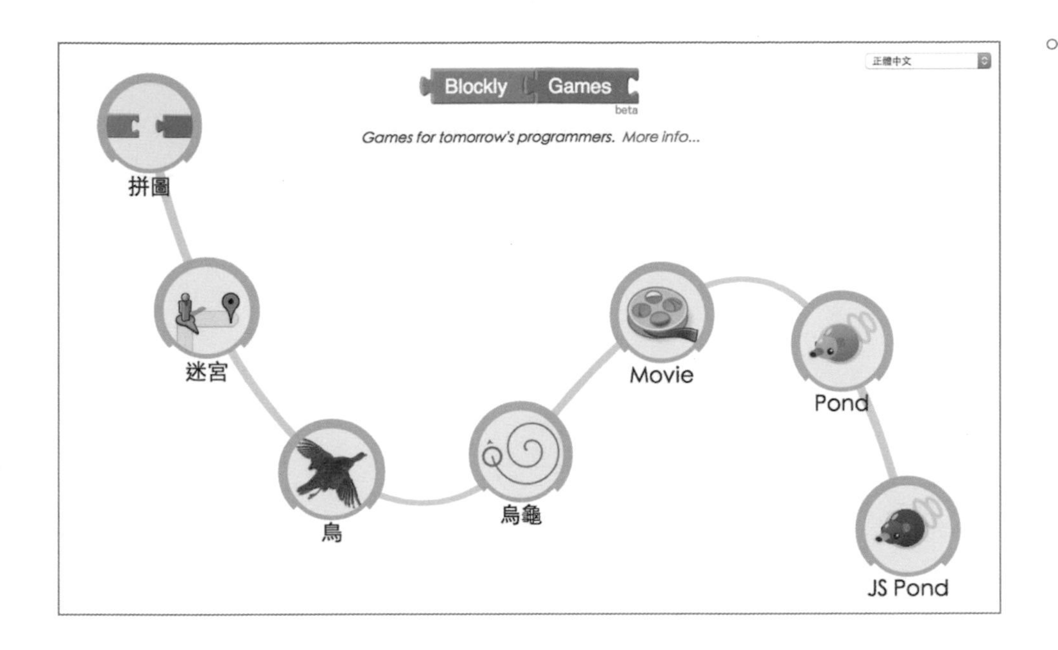

5.3 用 Blockly 玩轉 JavaScript

為了加速學習 JavaScript 的過程，我們使用 Blockly 來快速產生 JavaScript 的程式碼，以下將使用 Webduino Blockly 線上編輯工具，透過程式積木的組裝，降低學習程式設計的門檻（Webduino Blockly 學習工具：http://blockly.webduino.io/）。

◉ 變量（變數）

「變量」（Variables） 的定義，是在程式裡最基本的語法，我們可以賦予變量一個名稱，並用變量來儲存文字、數字、陣列、函式或物件 ... 等內容。由於 JavaScript 的語言特型，我們可以隨時將變量的型別進行轉換，例如儲存文字的變量型別為「字串」，我們如果今天儲存數字進去，或強迫讓其轉換為數字格式，該變量的型別就會變成「數字」格式。

在 Blockly 的積木方塊歸類在「變量」（或 Variables），點選後就會出現變數的積木方塊，將第一個後方有缺口的方塊拖拉到中間的畫面裡（第二個方塊象徵我們可以使用這個變量）。

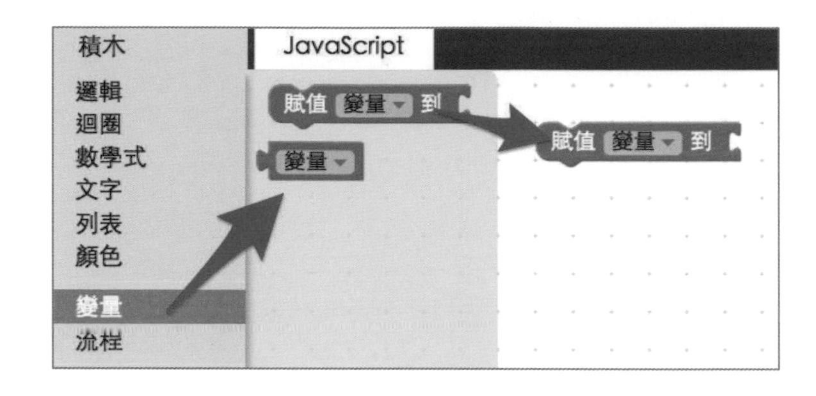

變量的積木後方有一個缺口，可以接上一個數字或文字，出來的結果就會賦予「變量」等於「數字」或「文字」。

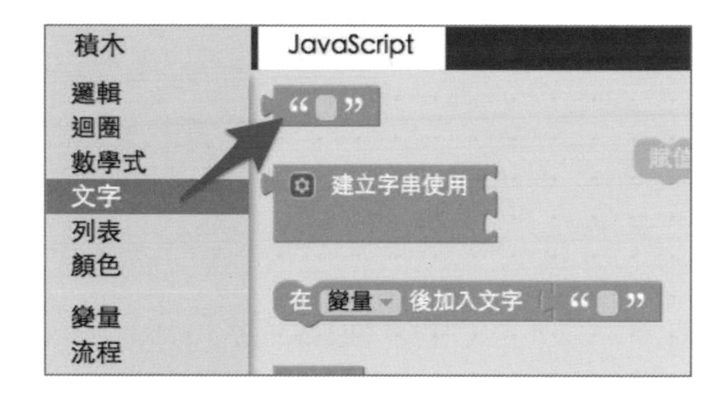

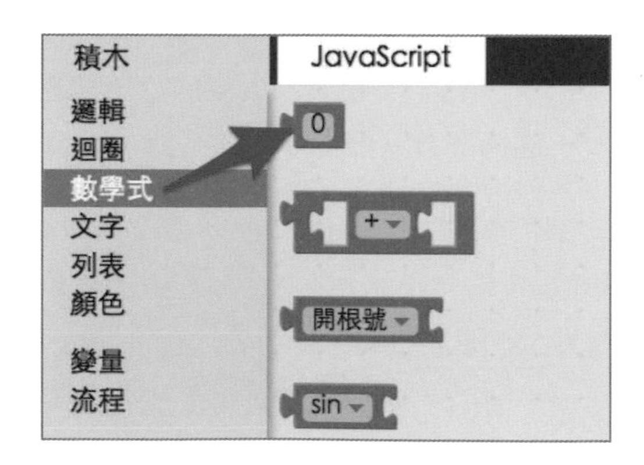

當我們把積木方塊擺放完成後，將變量的名稱重新命名，強烈建議使用英文和數字的組合（但開頭不可為數字），避免中文字產生的錯誤，命名的方式只要點選下拉選單就可以重新命名。

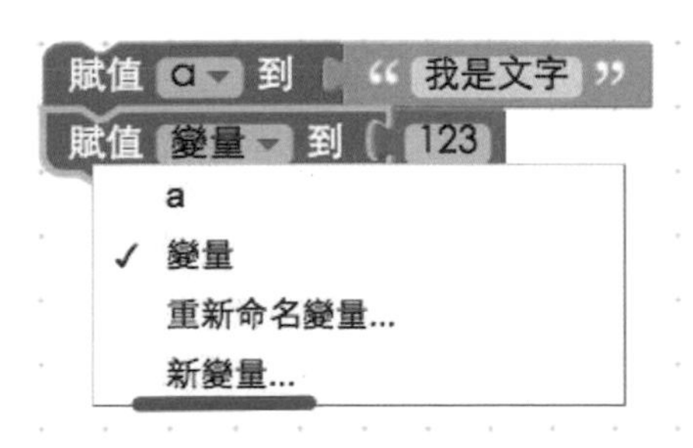

最後點選上方的「JavaScript」，就可以看到產生出來的 JavaScript 程式碼，從程式碼就可以明白，一開始先用「var」的方式宣告變數，接著再把不同的值放入這些變數當中。

```
var a;
var b;

a = '我是文字';
b = 123;
```

如果我們要把變數印出來看（彈出警告視窗，顯示變數的內容），那麼我們可以使用「文字」積木裏頭的「印出」，將變數印出來。

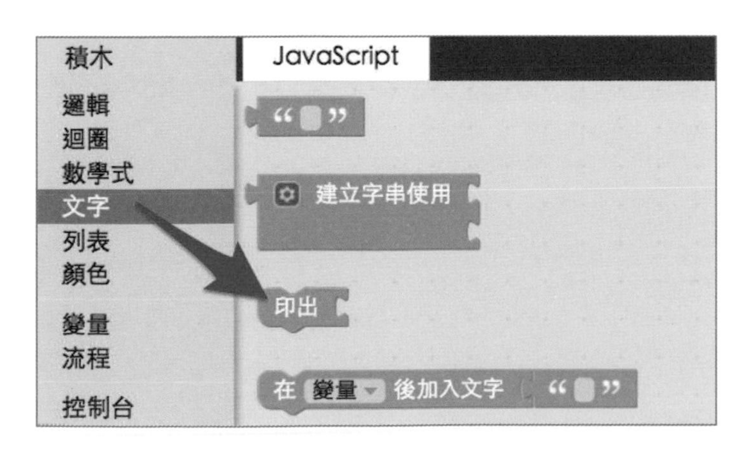

再度打開「變量」的選單，可以看到多了一些積木，這時候就可以將沒有缺口的積木，放到「印出」的缺口內。

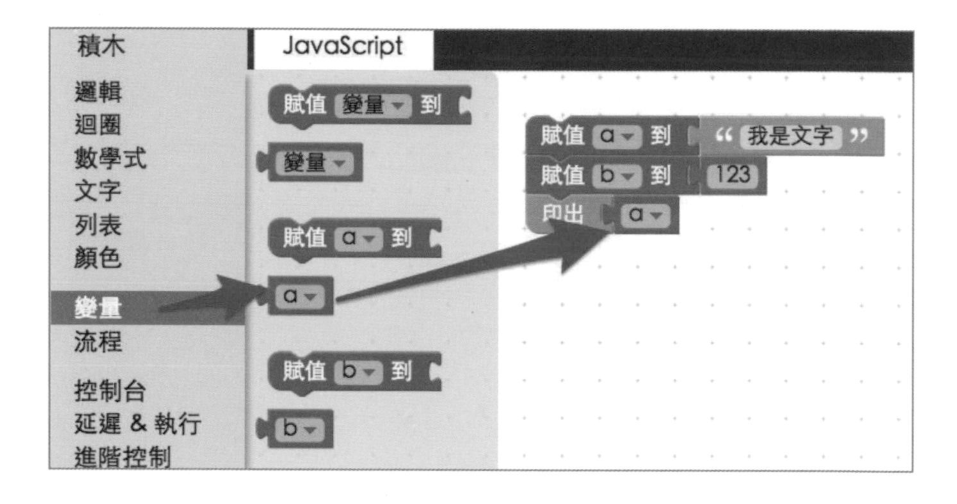

點選「執行」(右上角的紅色按鈕)，就可以看到彈出警告視窗，內容就是變數的內容。

而這次的 JavaScript 程式碼，就是多了一個「window.alert」來進行印出，這個指令會開啟警告視窗，我們可以將要印出的內容放在裡頭就會印出。

```
var a;
var b;

a = '我是文字';
b = 123;
window.alert(a);
```

◉ 文字

在剛剛變數的例子，我們有用到「文字」，雖然文字在日常生活中很常見，但在程式碼裡頭的表述就不太相同，舉個例子來說，「文字」的 123+123 和 「數字」的 123+123 ，在程式碼內的結果是截然不同的，如果是「文字」，因為是字串的型別，結果會是「123123」，如果是「數字」，就會變成 246。

如果還不是很明白，我們可以直接用積木的方式表現，一開始跟剛剛的作法類似，先放入兩個變數，分別名命為 a 和 b，內容分別放入文字積木，內容為 123，接著放入「印出」的積木，再使用「數學式」的相加，將兩個變數加在一起，執行之後，就會看到結果是「123123」。

Note

由於 Blockly 有規定缺口內要放入的型別，因此這裡無法直接用數學式來相加文字，必須先把文字放入變數再做相加的動作，如果是直接撰寫程式，則沒有這種限制。

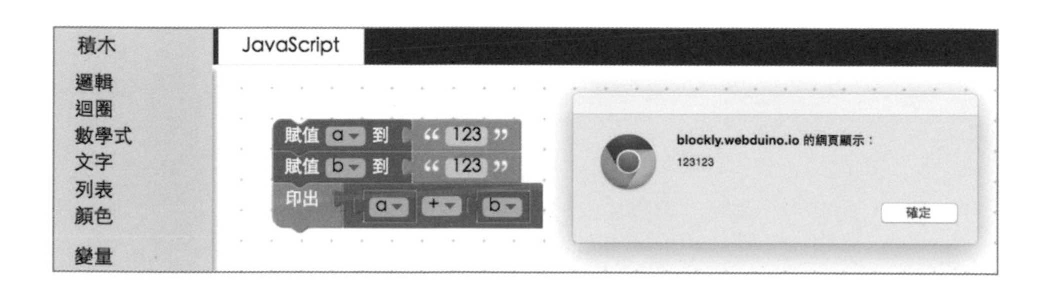

再來看一下這些積木的程式碼，可以發現 123 如果是「文字」，左右都會多一個單引號，通常在程式裡頭看到這樣子，就表示這是「字串」的型別，相加就會使用字串的相加，不會是數字的加總。

```
var a;
var b;


a = '123';
b = '123';
window.alert(a + b);
```

除了這種相加的方式，我們也可以利用「建立字串使用」的積木，來進行兩段文字的相加，如果要相加兩段以上的文字，可以點選「藍色的小齒輪」，將「變量」拖拉進入「加入」的積木裡頭，就可以增加積木上頭的缺口（也就表示可以加入更多積木了）。

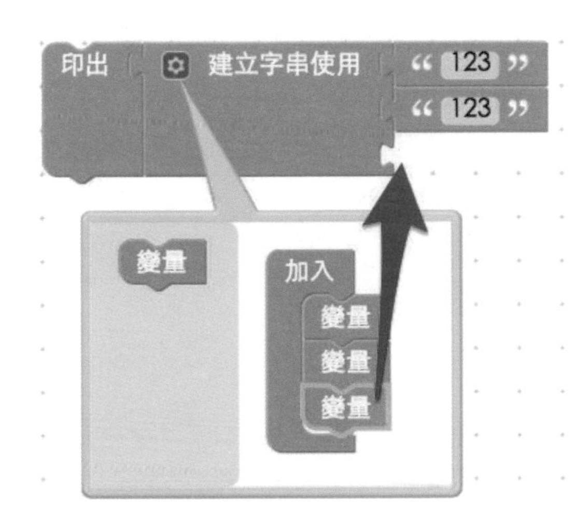

在程式裡，每段文字都有自己的長度，舉例來說，一段文字裡頭有七個字，長度就是 7，我們便可以利用「長度」的積木來印出一段文字的長度。

印出長度的 JavaScript 也相當容易，就是英文字的 length。

```
window.alert('一起來玩物聯網'.length);
```

◉ 數字

理解了文字之後，就一定要來談談「數字」，如果我們把積木「文字」的 123 換成「數字」的 123，相加以後印出的結果就會是 246，因為「數字」的加總就會直接做數學式的運算了。

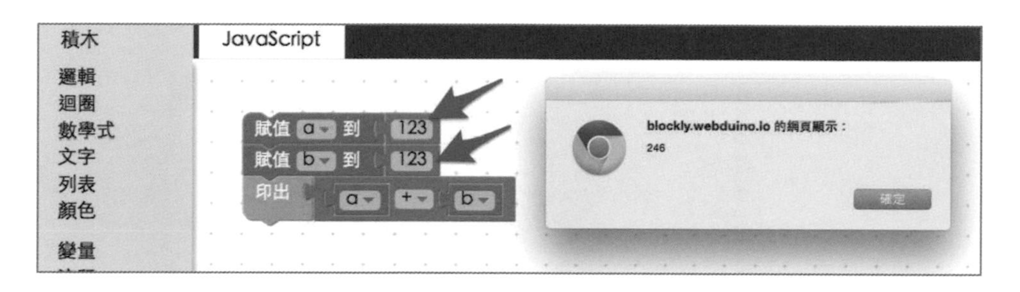

然後我們從程式碼裡也可以看到，「數字」型別的 123，左右就不會有單引號。

```
var a;
var b;


a = 123;
b = 123;
window.alert(a + b);
```

除了基本的加減乘除之外，數學式的積木還提供了許多數學的運算，礙於篇幅限制，這裡就不多加詳述，有興趣的人可以試著使用不同積木玩玩看。

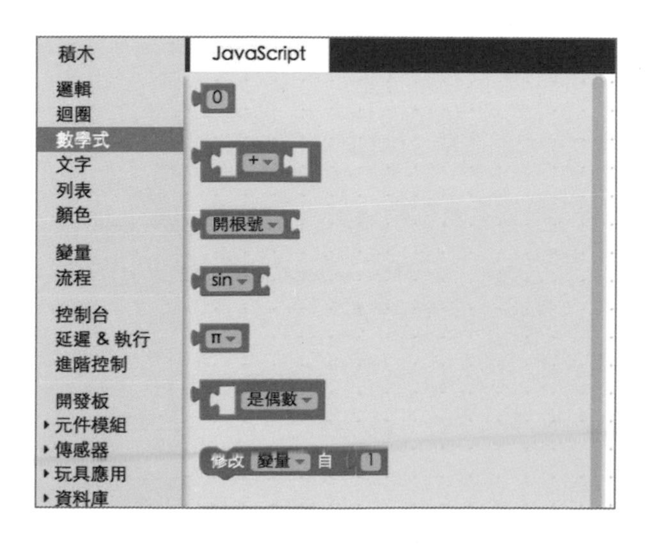

◉ 列表（陣列）

列表（或陣列）就好比是一列隊伍，隊伍裡可以有很多個人（變數、數字、字串 ... 等），每個人都有各自在隊伍裡的順序，我們可以簡單透過這個順序把這個人叫出來。至於要如何使用呢？首先我們先將「列表」裡面的「使用這些值建立列表」拖拉到畫面當中。

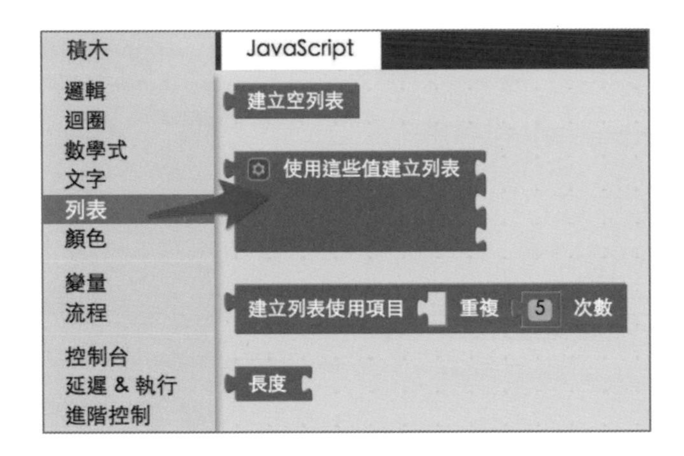

然後同樣使用「印出」積木來組合，這時我們可以把「文字」或「數字」放到列表積木的缺口內，缺口的數量可以透過藍色的小齒輪增加，完成後的長相就會像下圖這樣：

點選執行，就會發現我們輸入的每段文字，中間都用「逗號」隔開了。

打開程式碼，可以看到列表在程式碼內實際的長相，是用中括號「[]」將這幾段文字包在一起，並使用逗號分開。

```
window.alert(['大雄', '多拉A夢', '胖虎']);
```

陣列和文字一樣，都有長度，不過陣列的長度表示內容放了「幾個」文字或數字，以剛剛的例子來說，我們可以印出這個陣列的長度為 3。

◉ 邏輯

介紹完變數、文字、數字與陣列之後，接著要來談到最重要的「邏輯」，邏輯舉例來說「如果你姓王，你的爸爸一定也姓王」，或是「如果你不喜歡吃水果，你一定不喜歡吃蘋果」之類的，如果怎樣就怎樣的判斷，邏輯在程式裡頭相當重要，一個好的邏輯架構，可以幫助我們控制例如「如果按下這個按鈕，機器人右手會舉起來」之類的特定動作。

要使用邏輯的積木，就把「如果 ... 執行」的積木拉到畫面當中。

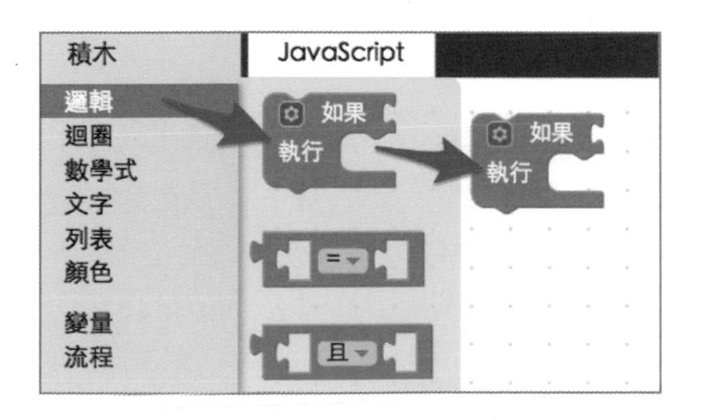

上方的小缺口，放入的是判斷句，就是「如果你姓王」之類的判斷句；下方的大缺口，就是當這個判斷句滿足時，所要執行的結果，例如「你的爸爸一定也姓王」之類的執行句，以下圖的例子，我們先設定一個變數 a，並讓 a 等於 99，如果 a 小於 100 的話，就會印出「a 小於 100」的文字。

當然在一份程式碼裡頭，只有一個邏輯判斷是不太可能的（因為不可能只讓機器人手舉起卻不放下），所以我們會用到更多的邏輯判斷，這時候就點選積木的藍色小齒輪，就可以打開另外兩種積木，分別是「否則如果」和「否則」，兩種積木都會讓原本的積木新增缺口，就可以放入更多的執行句。

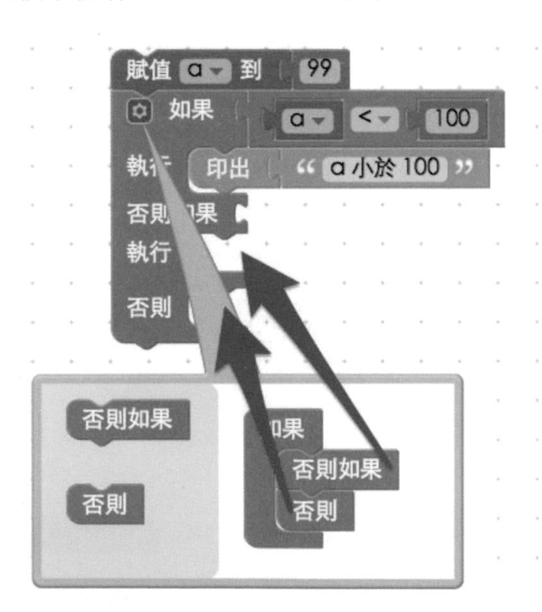

「如果否則」和「如果」很像，都是提供一個明確的判斷條件，而「否則」的意思在於如果前面定義的條件都沒有滿足，那麼就要執行「否則」的內容，以下圖的例子，一開始先設定如果 a 介於 0 到 100 之間，就印出「a 沒有超過 100」，如果我們把 a 設定為大於 100 的數字，則會印出「a 大於 100」，如果把 a 設定為負數，則會印出「a 小於零」。

最後我們看看這段邏輯程式的寫法，在程式碼裡面，就是很直覺的使用「if」、「else if」和「else」來呈現。

```
var a;


a = -20;
if (a >= 0 && a < 100) {
  window.alert('a 小於 100');
} else if (a >= 100) {
  window.alert('a 大於等於 100');
} else {
  window.alert('a 小於 0');
}
```

◉ 迴圈

迴圈顧名思義就是重複不斷地執行，直到滿足特定需求才會停止。舉例來說，我們先把「重複 10 次」的積木拉到畫面當中。

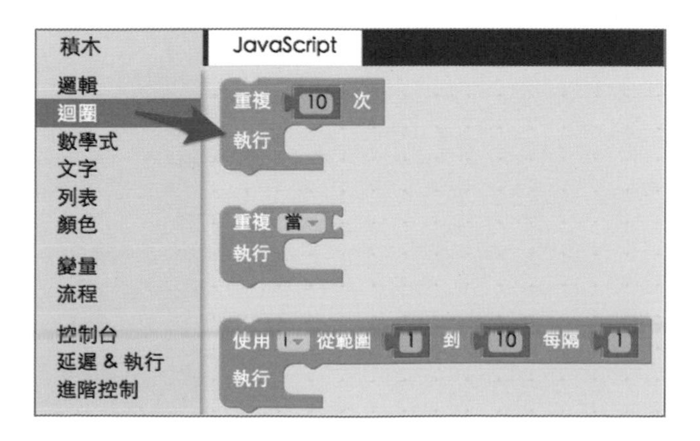

接著，設定一個變數 a 的值為 1，然後讓每執行一次迴圈，就會自動把 a 加 1，然後迴圈完成之後就會自動印出 a 的數值。

由於 JavaScript 程式語言的特性，程式執行一定會按照順序執行，因此「印出」的指令一定會在「迴圈結束」之後才會執行，所以最後的結果是 11。

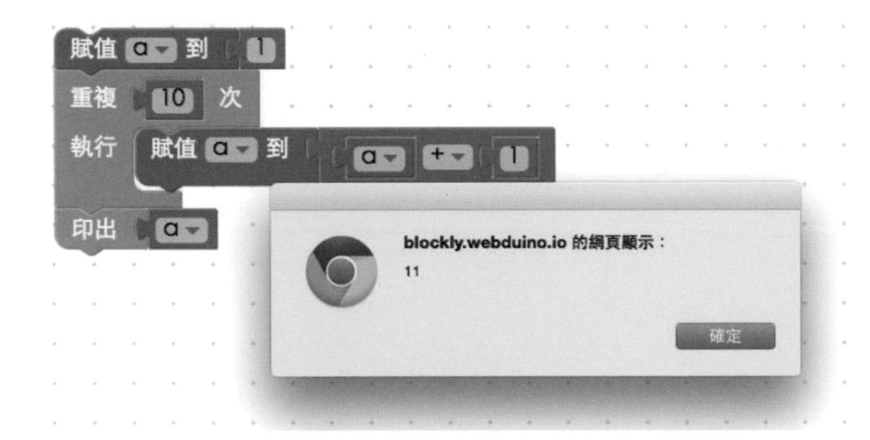

如果我們看程式碼，就會發現迴圈是放在一個 for 裡頭，這也是常見的「for 迴圈」，for 的後面接了一個小括號，裏頭根據分號分成三個數學式，代表每次執行 count 都會加 1，從 0 加到 9 共加了十次為止。

```
var a;


a = 1;
for (var count = 0; count < 10; count++) {
  a = a + 1;
}
window.alert(a);
```

初學 JavaScript 迴圈的人，有時候會被 JavaScript 的語言特性給誤導，如果在 for 迴圈裡面放入延遲之類的程式，沒有處理好的話，極有可能會造成程式碼的錯誤，因為在預設的狀況下 for 迴圈的每次執行，並不會等待內容是否完成，而是會在程式碼跑完就直接做下一個迴圈，因此要盡量避免在 for 迴圈內使用延遲的指令（因為需要特殊處理才可以）。

◉ 流程（函式）

流程在程式碼的術語裡，稱為「函式」或「function」，會將一些比較繁瑣要進行的動作，包裝在一個流程裡，需要執行的時候就可以呼叫這個流程，執行流程該有的動作。

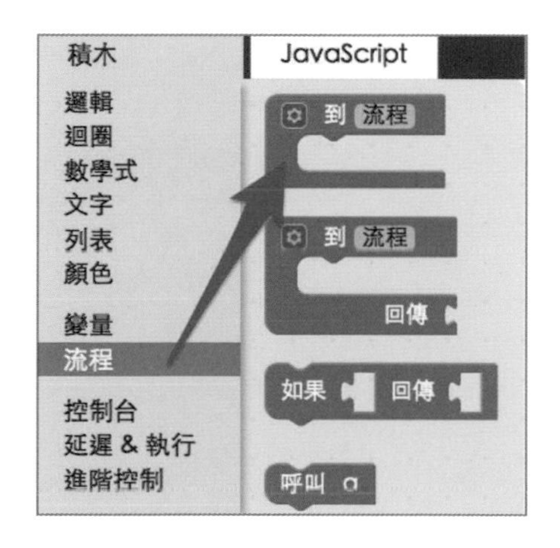

舉例來說，我們先放入流程的積木，將流程命名為 a（記得不要用中文命名），接著在 a 流程內放入一個印出文字的積木，呼叫 a 流程，就會印出文字。

上圖的積木轉換為程式碼，就會發現印出（alert）是放在一個名為 a 的 function 內，而 function 是用左右大括號包住要執行的代碼，執行流程就直接用 a() 來執行即可。

```
function a() {
  window.alert('這是流程');
}

a();
```

流程中也可以放入變數讓這個流程使用，點選藍色小齒輪，在流程內放入一個變數，就可以呼叫這個變數，並且印出這個變數。

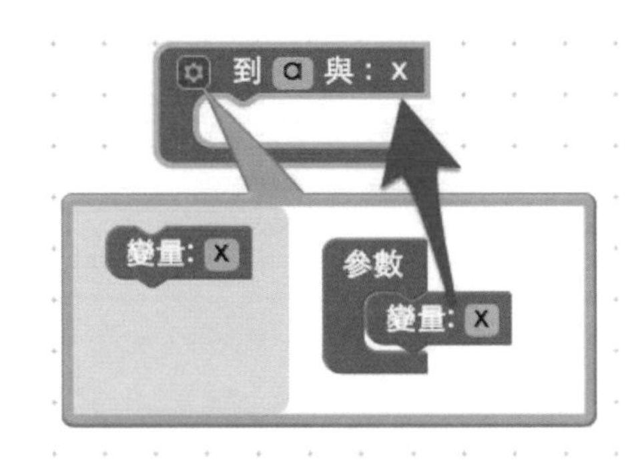

當流程內有變數，呼叫這個流程的積木就會多出一個缺口，可以直接將值（文字、數字或列表 ... 等）放在這個缺口上，等同於賦予此變數這個值，當我們印出變數時就會將這些值印出。

如果將上面的積木換成程式碼，就會發現原本的流程 a() 變成 a(x)，這個 x 就是我們放在流程內的變數。

```
var x;

function a(x) {
  window.alert(x);
}

a('我是 x');
```

當然流程的用法不僅僅有這些而已，只是上述的基本作法只要熟練，就可以應付許多狀況囉！

5.4 更多參考資訊

由於 JavaScript 博大精深，無法在這個篇幅詳述（不然本書就變成 JavaScript 大全了），如果對於 JavaScript 有興趣的，可以參考下列幾個網站，可以得到更完整的教學內容。

- http://www.w3schools.com/js/
- https://developer.mozilla.org/en-US/Learn
- http://www.tutorialspoint.com/javascript/

MEMO

6

Chapter

點亮人生的第一盞燈

LED 燈通常是所有學習電子電路的第一個範例（其實最早的例子應該是小學的自然科學，用電池點亮電燈泡），但對於許多非電子電路背景的人來說，要利用微電腦電路板來點亮 LED 燈，應該是人生的初體驗，因此我們仍然用 LED 作為第一個範例，搭配 Webduino Blockly 線上編輯工具，一步步地帶領大家進入有趣的物聯網世界。

6.1 點亮一顆 LED 燈

練習網址 http://blockly.webduino.io/?page=tutorials/led-1

只有一顆 LED 燈的接線方式很簡單。首先，LED 燈有「長短腳」之分，長腳接「高電位」（帶有數字的腳位），短腳接「低電位」（GND、接地）。因此，我們直接將 LED 插到腳位上，或使用麵包板與麵包線外接出來即可。

接線示意圖：

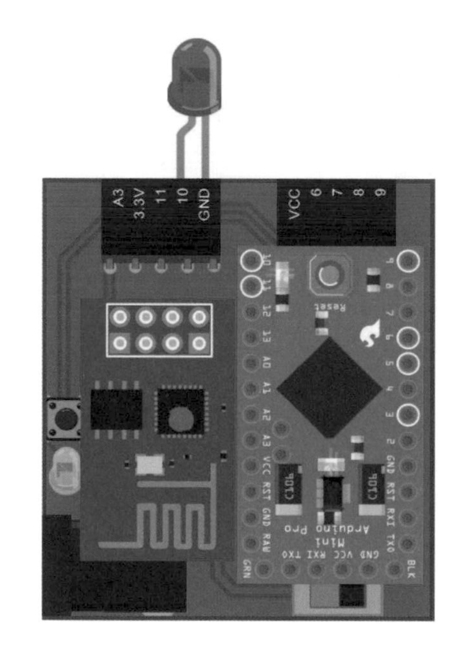

實際照片：

接線完成後，打開練習網址，可以看到左邊是程式積木的編輯區，右邊則是一個簡單的網頁，網頁的內容可以和實際的電子零組件互動。

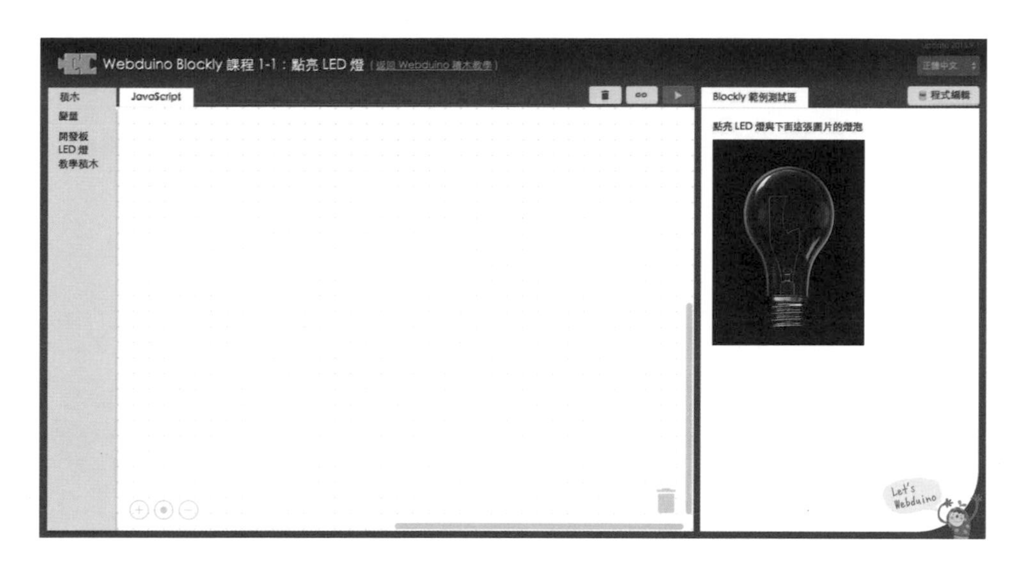

從編輯工具左側的積木選單中選擇「開發板」，於彈出的選單裡選擇第一個積木。

在名稱的地方，填入對應的 Webduino 開發板名稱（Device 名稱），不要勾選「串連」。

接著選擇「LED 燈」的積木，將 LED 燈的積木放到開發板積木的缺口內。

LED 燈的積木有兩塊積木組成，前面紫色的積木就是上一章提過的「變量」，意思是我們已經把實體的 LED 變成程式裡的變量，可以自由地用程式操控它，在這個範例我們將變量名稱設為「led」，而第二塊藍色的積木表示 LED 燈要接在「幾號」腳位，直接用下拉選單就可以選擇（範例使用 10 號腳位），由積木的組合可以看出實際的接線狀況：「Webduino 開發板上接了一顆 LED 燈，接在 10 號腳位」。

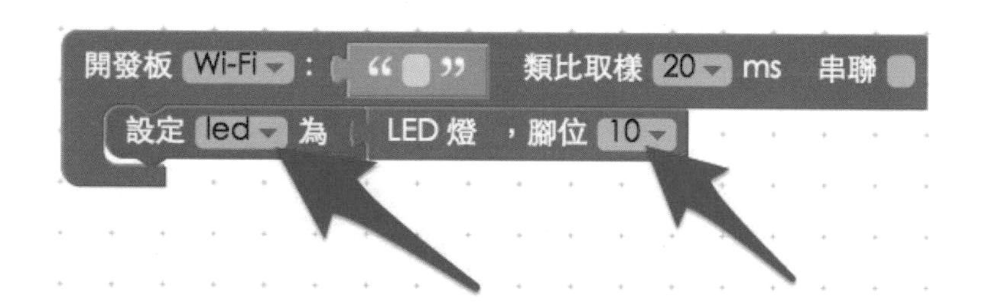

這時候再把控制 LED 燈的積木拖曳到畫面裡。將 LED 燈的狀態設定為「on」。

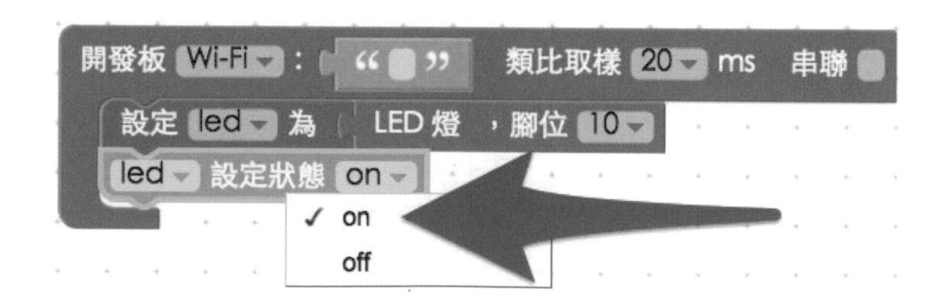

因為要讓右邊的燈泡圖片也亮起來，所以要使用「教學積木」裡的積木，將「燈泡 on/off」的積木也拉到畫面中，同樣的設定為 on。

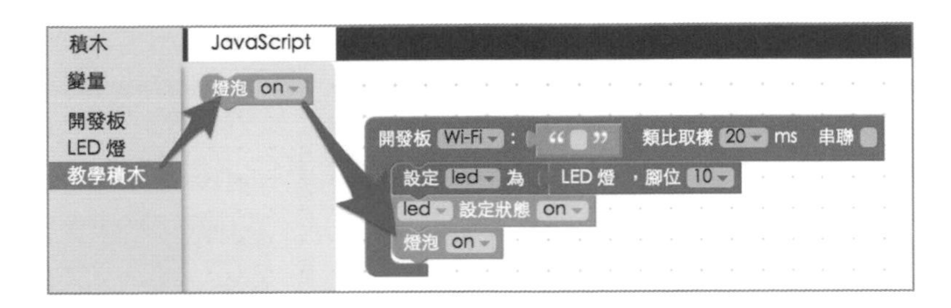

打開 Webduino 開發板的電源，待開發板上線之後，點選 Webduino Blockly 編輯工具右上角紅色按鈕（以下通稱為「執行鈕」)，就會執行我們用積木撰寫的程式，也就會看到 LED 燈亮起來。

同理。如果我們將 LED 的狀態設定為「off」，燈泡也設為「off」，點選執行鈕，就會看到 LED 燈熄滅，燈泡圖片也變成熄滅的燈泡，透過簡單的積木組合，我們已經可以控制一顆 LED 燈的明暗。

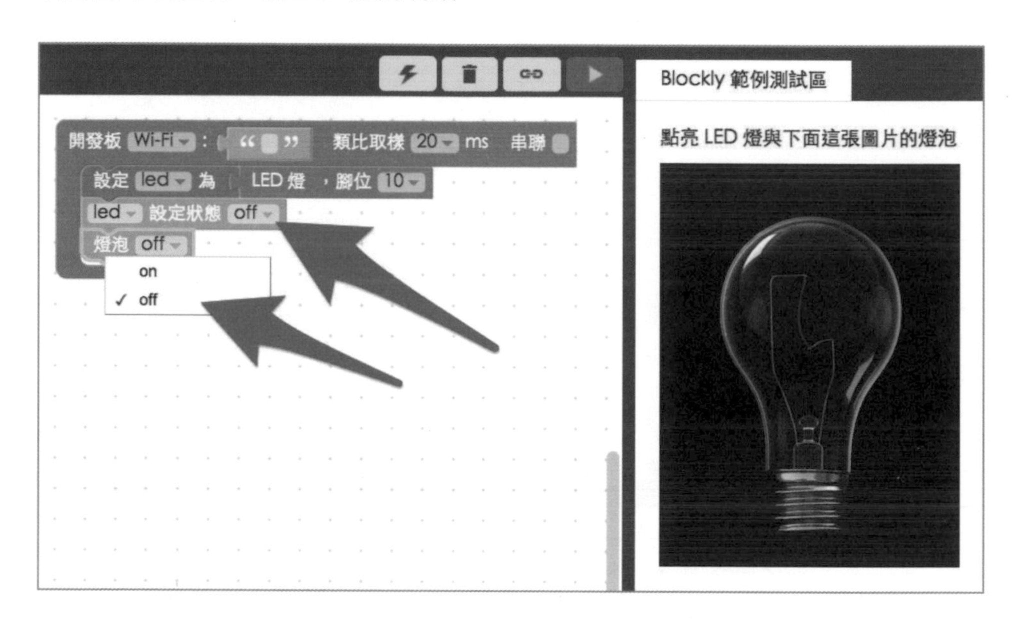

至於實際程式是如何撰寫的，可以點選 JavaScript 的頁籤瞧瞧，一開始先宣告一個名稱為 led 的變數，接著在「boardReady」內放入 led，設定 led 的腳位為 10，然後使用「led.on()」讓 led 燈發光，而控制圖片切換的 JavaScript 語法是先利用「document.getElementById("light")」抓取圖片的 id，然後利用「setAttribute」設定 class 名稱。

JavaScript 程式碼

```
var led;

boardReady('', function (board) {
  board.samplingInterval = 20;
  led = getLed(board, 10);
  led.off();
  document.getElementById("light").setAttribute("class","off");
});
```

光看 JavaScript 可能無法完全理解，這時我們可以複製這段程式碼，點選「程式編輯」打開基本的程式編輯器。

編輯器打開之後，將程式碼貼到 JavaScript 區域，可看到 HTML 的寫法，在 HTML 裡面有兩張圖片，分別是燈泡發光和燈泡熄滅的圖案，而我們純粹利用 CSS 的 class 讓圖片顯示或不顯示，如果需要進一步編輯程式可以直接在這邊做程式碼的進階修改。

Note

注意，若要將程式要用在自己的網頁，必須載入 webduino-blockly.js 和 webduino-all.min.js 這兩支 JavaScript！

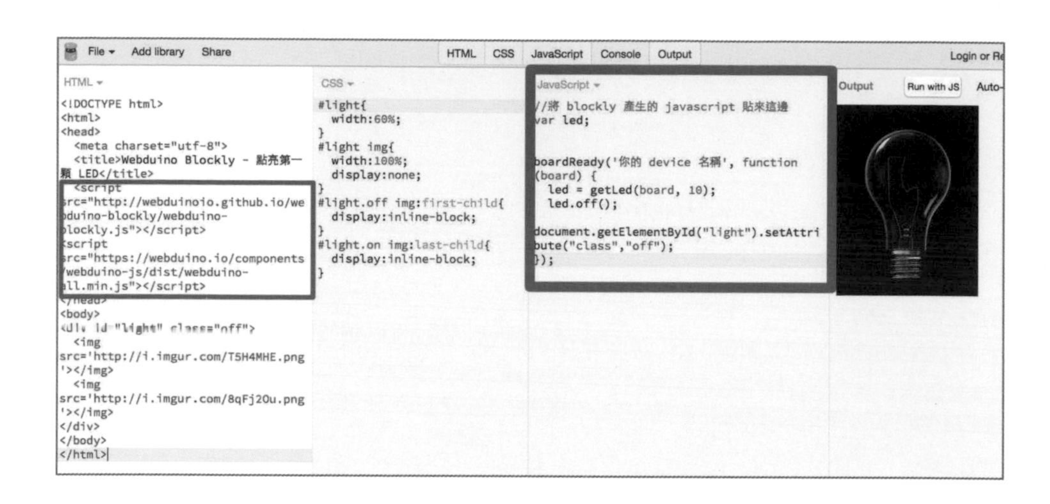

HTML 程式碼

```
<div id="light" class="off">
<img src='http://i.imgur.com/T5H4MHE.png'></img>
<img src='http://i.imgur.com/8qFj20u.png'></img>
</div>
```

CSS 程式碼

```
#light{
width:60%;
}
#light img{
width:100%;
display:none;
}
#light.off img:first-child{
display:inline-block;
}
#light.on img:last-child{
display:inline-block;
}
```

6.2 點選圖片控制 LED 燈的亮滅

練習網址 http://blockly.webduino.io/?page=tutorials/led-2

和剛剛的作法類似，這個練習是要做出「點選圖片控制 LED 燈的明暗」，一開始一樣我們先把「開發板」和「LED」放到編輯畫面中，設定 LED 燈的變量名稱為「led」，腳位接在 10 號腳位，完成後我們先把 LED 燈及燈泡圖片都設定為「on」(接線方式和剛剛一模一樣)。

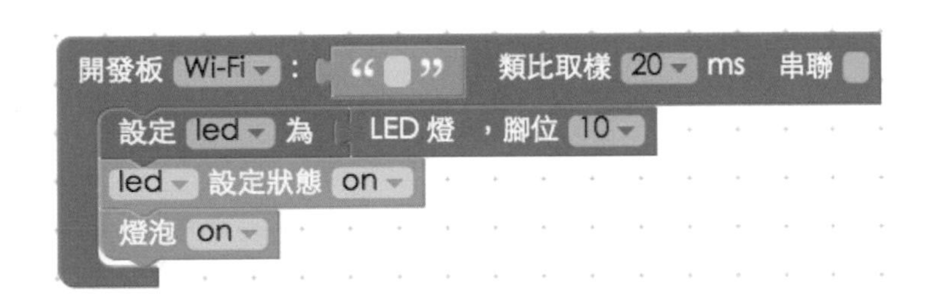

接續放上「點選燈泡圖片就會執行」的積木，代表我們點擊燈泡圖片會發生什麼事情。

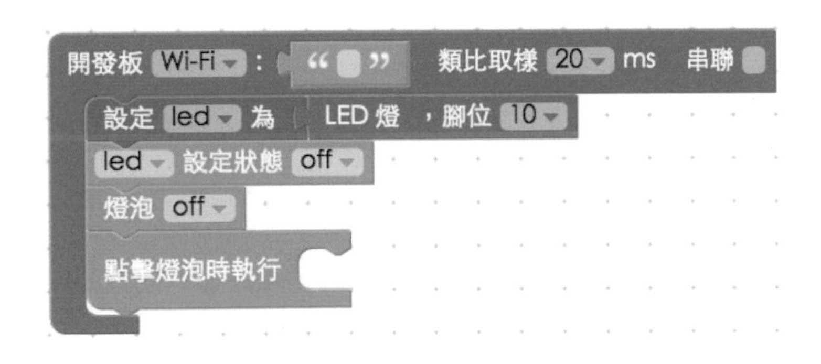

打開「邏輯」的積木，把「如果怎樣就執行怎樣」的積木拉到「點選燈泡圖片就會執行」的缺口內，點選藍色小齒輪新增「否則」的選項，著把「燈泡狀態為：on/off」的積木拉到「如果」積木的小缺口內，表示：「如果燈泡狀態為 on，就會執行 ....」，否則就表示：「如果燈泡狀態為 off，就會執行 ....」，當然也可以設定反過來。

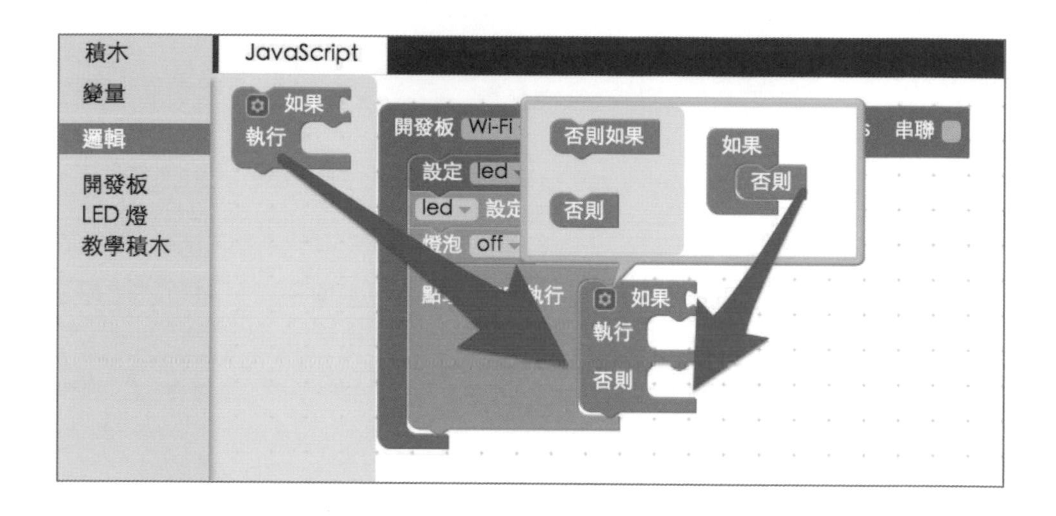

有了邏輯之後就要來放入相關的內容，如果燈泡圖片是亮的，點選發亮的燈泡圖片，就把 LED 燈關起來並且把燈泡圖片換成熄滅的圖，反之點選熄滅的燈泡圖片，就把 LED 燈點亮並且換成發光燈泡的圖。

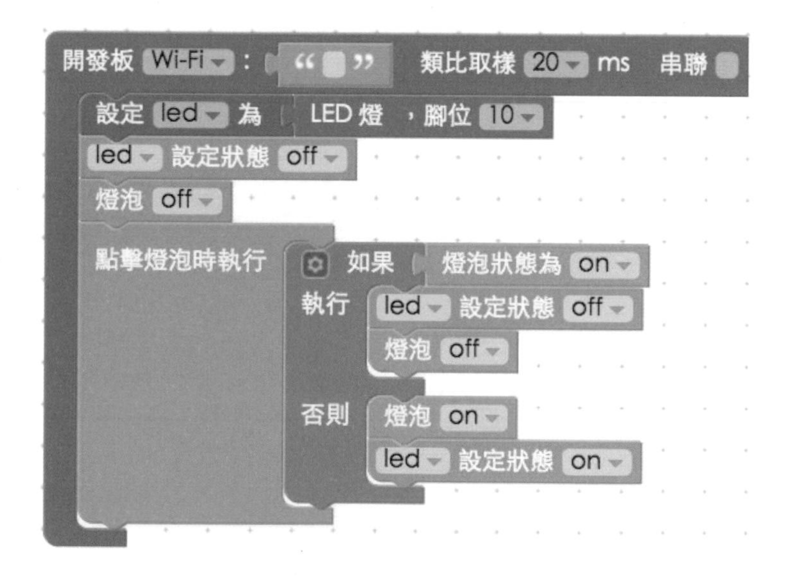

打開 Webduino 開發板的電源，待開發板上線之後，點選執行按鈕，就會看到 LED 燈以及燈泡圖片亮起，點選燈泡圖片，就可以進行開關的切換。

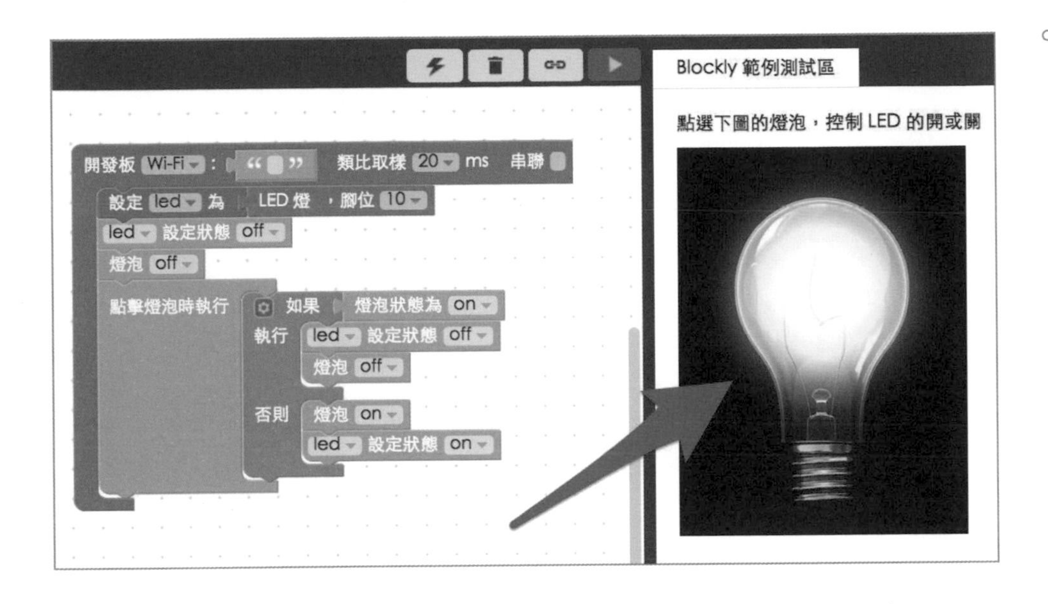

最後來看一下程式怎麼寫的，這裡用了「addEventListener」來監聽「click」的點擊事件，當點擊發生時執行內容的 function，然後這裡還用了另外一個「getAttribute」來獲得 class 的名稱作判斷，如果想要自己修改程式，可以將其複製起來，貼到「程式編輯」工具裡，就可以進行後續進階的編輯。

Note

若要將程式要用在自己的網頁，必須載入 webduino-blockly.js 和 webduino-all.min.js 這兩支 JavaScript。

JavaScript 程式碼

```
var led;

boardReady('', function (board) {
  board.samplingInterval = 20;
  led = getLed(board, 10);
  led.off();
  document.getElementById("light").setAttribute("class","off");
  document.getElementById("light").addEventListener("click",function(){
    if (document.getElementById("light").getAttribute("class")=="on") {
      led.off();
```

```
      document.getElementById("light").setAttribute("class","off");
    } else {
      document.getElementById("light").setAttribute("class","on");
      led.on();
    }

  });
});
```

HTML 程式碼

```
<div id="light" class="off">
<img src='http://i.imgur.com/T5H4MHE.png'></img>
<img src='http://i.imgur.com/8qFj2Ou.png'></img>
</div>
```

CSS 程式碼

```
#light{
width:60%;
}
#light img{
width:100%;
display:none;
}
#light.off img:first-child{
display:inline-block;
}
#light.on img:last-child{
display:inline-block;
}
```

6.3 控制兩顆 LED 燈

練習網址 http://blockly.webduino.io/?page=tutorials/led3

可以控制一顆 LED 之後，將難度稍微提升來控制兩顆 LED 燈。在這個範例當中，分別有左右兩張圖片，可以透過點選這兩張圖片分別控制兩顆 LED 燈的明暗，由於兩顆 LED 燈要共用 GND，我們必須透過麵包板來接線。

接線示意圖：

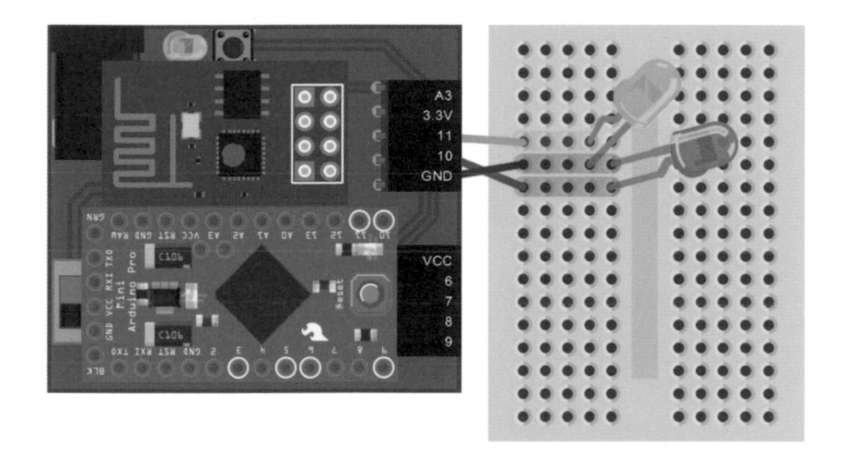

實際照片：

接線完成後，接著要來拖拉積木，和一顆 LED 燈的做法差不多，只是多了另外一顆 LED，因此我們要給兩顆燈不同的變量名稱作識別，第一顆叫作 led1，第二顆叫作 led2，分別接在 10 和 11 號腳位，一開始都先讓它們發光。

然後我們把「教學積木」裡面，「左邊 / 右邊 燈泡點擊」的積木拖拉到畫面當中，就可以分別設定左右邊的燈泡點擊事件。

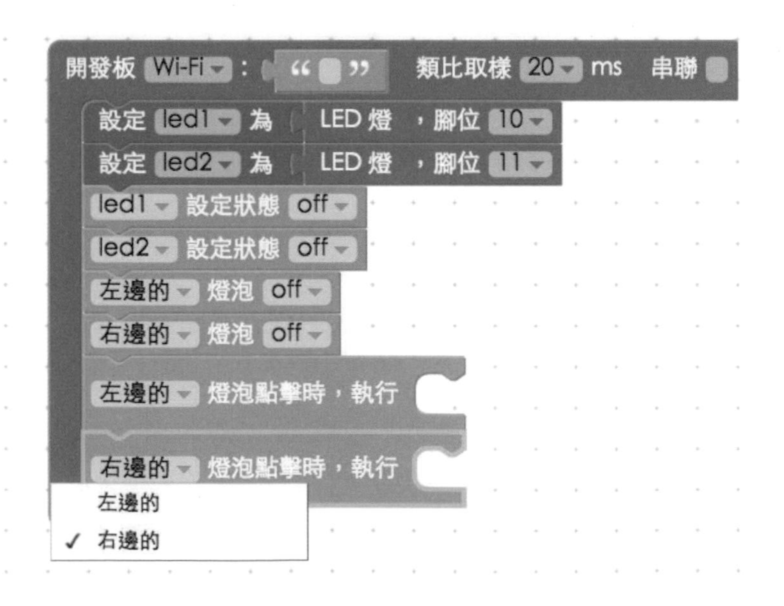

在點擊要執行的事件裡放入邏輯的積木，作法其實和控制一顆 LED 燈的方式雷同，只是要區分左右邊的燈泡點擊事件而已。

```
開發板 Wi-Fi : " " 類比取樣 20 ms 串聯
  設定 led1 為 LED 燈 ，腳位 10
  設定 led2 為 LED 燈 ，腳位 11
  led1 設定狀態 off
  led2 設定狀態 off
  左邊的 燈泡 off
  右邊的 燈泡 off
  左邊的 燈泡點擊時，執行
    如果 左邊的 燈泡狀態為 on
    執行 左邊的 燈泡 off
         led1 設定狀態 off
    否則 左邊的 燈泡 on
         led1 設定狀態 on
  右邊的 燈泡點擊時，執行
    如果 右邊的 燈泡狀態為 on
    執行 右邊的 燈泡 off
         led2 設定狀態 off
    否則 右邊的 燈泡 on
         led2 設定狀態 on
```

打開 Webduino 開發板的電源，待開發板上線之後，點選執行按鈕，就可以利用不同的圖片來控制不同的 LED 燈開關。

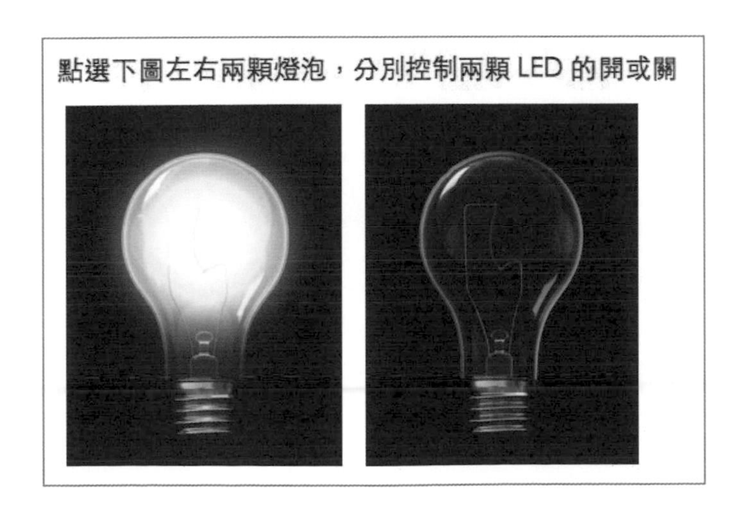

最後看一下程式碼，從程式碼內可以看到，兩張圖片也有各自的 id，所以我們可以透過不同的 id 來控制。如果要自行修改程式，可以將其複製起來，貼到「程式編輯」工具裡，就可以進行後續進階的編輯。

Note

注意，若要將程式要用在自己的網頁，必須載入 webduino-blockly.js 和 webduino-all.min.js 這兩支 JavaScript！

JavaScript 程式碼

```
var led1;
var led2;

boardReady('你的 device 名稱', function (board) {

  led1 = getLed(board, 10);
  led2 = getLed(board, 11);
  led1.on();
  led2.on();

  document.getElementById("light1").setAttribute("class","on");
  document.getElementById("light2").setAttribute("class","on");
```

```
  document.getElementById("light1").addEventListener("click",function(){
    if (document.getElementById("light1").getAttribute("class")=="on") {
      document.getElementById("light1").setAttribute("class","off");
      led1.off();
    } else {
      document.getElementById("light1").setAttribute("class","on");
      led1.on();
    }
  });

  document.getElementById("light2").addEventListener("click",function(){
    if (document.getElementById("light2").getAttribute("class")=="on") {
      document.getElementById("light2").setAttribute("class","off");
      led2.off();
    } else {
      document.getElementById("light2").setAttribute("class","on");
      led2.on();
    }
  });

});
```

因為有兩張圖片，所以在 HTML 裡頭放入兩張圖片，分別將其 id 命名為 light1 和 light2（還記得吧！ id 不能重複，只有 class 可以重複），也因為有兩組，所以 CSS 自然就要寫得比較多一點了。

HTML 程式碼

```
<div id="light1" class="off">
<img src='http://i.imgur.com/T5H4MHE.png'></img>
<img src='http://i.imgur.com/8qFj20u.png'></img>
</div>
<div id="light2" class="off">
<img src='http://i.imgur.com/T5H4MHE.png'></img>
<img src='http://i.imgur.com/8qFj20u.png'></img>
</div>
```

CSS 程式碼

```
#light1, #light2{
width:40%;
display:inline-block;
margin:0 5px;
}
#light1 img, #light2 img{
width:100%;
display:none;
}
#light1.off img:first-child, #light2.off img:first-child{
display:inline-block;
}
#light1.on img:last-child, #light2.on img:last-child{
display:inline-block;
}
```

6.4 兩顆 LED 燈交互閃爍

練習網址 http://blockly.webduino.io/?page=tutorials/led4

到這個範例為止，應該已經知道如何利用點選圖片來控制 LED 燈的開或關，在這個章節最後的範例，我們將要利用圖片作為開關，點選圖片的時候，燈泡圖片會發亮，兩顆 LED 燈會交互閃爍，再度點選圖片時，兩顆 LED 燈會停止閃爍。

接線的方式與兩顆 LED 燈的方式相同，程式積木的做法和之前差不多，放入開發板，放上兩顆 LED 燈，變數名稱設定為 led1 和 led2，一開始先讓燈泡為 off，兩顆 LED 也都是熄滅的。

開發板 Wi-Fi ： " " 類比取樣 20 ms 串聯
設定 led1 為 LED 燈 ，腳位 10
設定 led2 為 LED 燈 ，腳位 11
燈泡 off
led1 設定狀態 off
led2 設定狀態 off

放入點擊燈泡執行的積木，並在執行的缺口內放入邏輯判斷燈泡現在是 on 還是 off，這裡先將燈泡狀態設為如果是 off 的話，點選燈泡圖片會發生什麼事情。

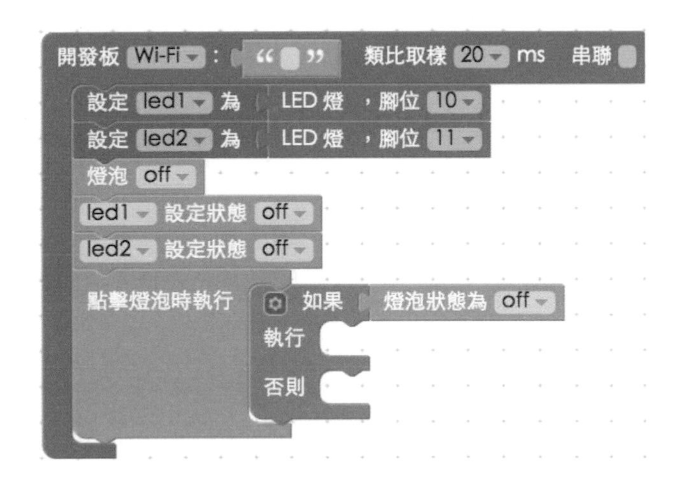

先擺入燈泡 on 的積木，然後把「設置閃爍計時器」的積木也放進去，設定計時器的名稱為 timer（建議用英文）、間隔時間為 500 毫秒（0.5 秒），這表示會狀態 1 持續 0.5 秒後會切換至狀態 2，狀態 2 持續 0.5 秒後會切換至狀態 1，互相切換直到我們將計時器停止，這時候就把我們要的狀態積木擺進去即可。

如果 燈泡狀態為 off
執行 燈泡 on
設置閃爍計時器名稱 計時器 閃爍時間 500 毫秒 (1/1000 秒)
狀態 1 led1 設定狀態 on
led2 設定狀態 off
狀態 2 led1 設定狀態 off
led2 設定狀態 on

再來就是設置「否則」要進行的事件，也就是要把計時器停下來、把燈泡和 LED 都關起來。

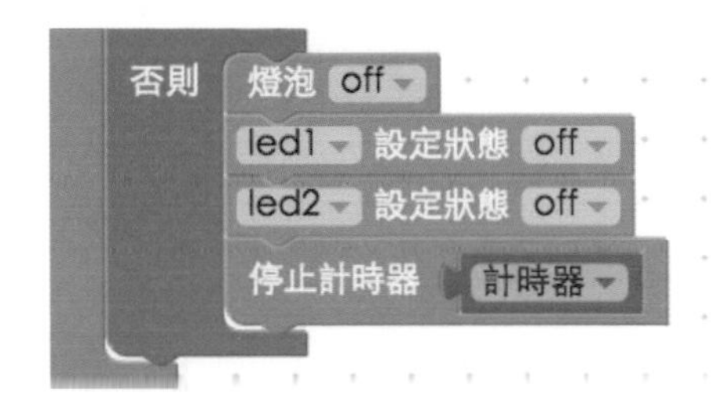

到這個步驟，我們已經簡單地完成了點選圖片控制兩顆 LED 閃爍的程式。

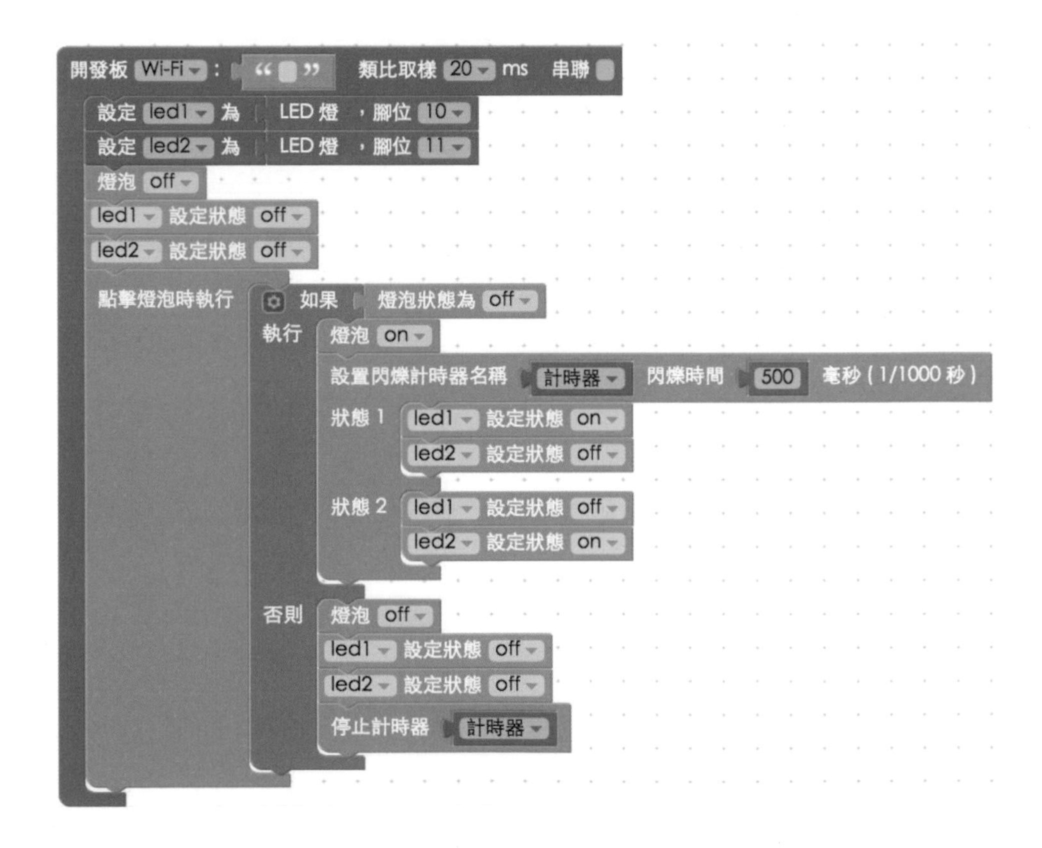

打開 Webduino 開發板的電源，待開發板上線之後，點選執行按鈕，就可以實際點選圖片，觀察看看 LED 閃爍的效果。

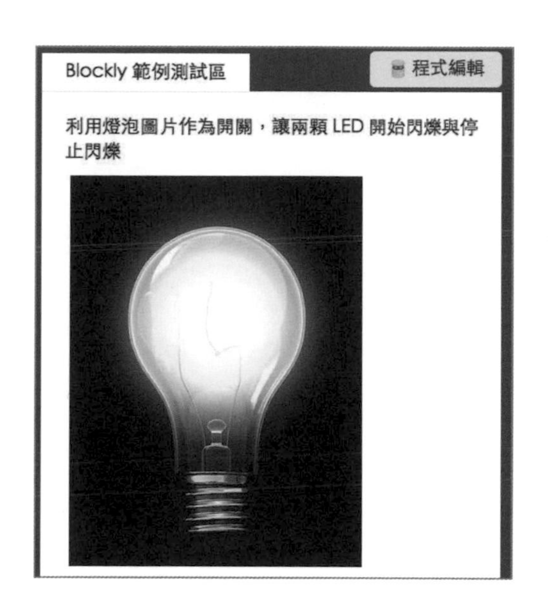

最後還是要看一下用了哪些程式語法，其中比較重要的是使用名為 timer 的變數去承接「setTimeout」的時間延遲方法，透過時間的延遲讓兩個狀態互相切換，HTML 和 CSS 的寫法跟第一和第二個練習一模一樣，就不在這邊詳述了。

Note

若要將程式要用在自己的網頁，必須載入 webduino-blockly.js 和 webduino-all.min.js 這兩支 JavaScript！

JavaScript 程式碼

```
var led1;
var led2;
var timer;

boardReady('你的 device 名稱', function (board) {
  led1 = getLed(board, 10);
  led2 = getLed(board, 11);
  document.getElementById("light").setAttribute("class","off");
  led1.off();
  led2.off();
  document.getElementById("light").addEventListener("click",function(){

    if (document.getElementById("light").getAttribute("class")=="off") {
      document.getElementById("light").setAttribute("class","on");
      var blinkVar=1;
      var blinkFunction=function(){
        blinkVar=blinkVar+1;
        if(blinkVar%2==0){
          led1.on();
          led2.off();
        }else{
          led1.off();
          led2.on();
        }
        timer = setTimeout(blinkFunction,500);
      };
      blinkFunction();
    } else {
      document.getElementById("light").setAttribute("class","off");
      led1.off();
      led2.off();
      clearTimeout(timer);
    }

  });
});
```

7

Chapter

轉吧七彩霓虹燈

三色 LED 燈顧名思義，是由紅、綠、藍三種顏色所組成，透過三種顏色的混合，組合出千變萬化的顏色，這個章節將會介紹三色 LED 燈的實作方式，完成一些有如七彩霓虹燈的有趣色彩效果。

7.1 認識三色 LED 燈

練習網址 http://blockly.webduino.io/?&page=tutorials/rgbled-1

要控制三色 LED 燈，我們必須要使用 PWM 的腳位（Pulse Width Modulation，脈衝寬度調變），這是一種將類比信號轉換為波段並且輸出的腳位，可以改變輸出的信號大小，透過輸出信號的強弱即可以混和出各種不同的顏色。Webduino 可以用的 PWM 腳位是 3、5、6、9、10、11，為因應不同的開發板，可以選擇對應的腳位來使用。

接線的方式就是將三色 LED 燈接上杜邦線（一公一母），把 v 接在 3.3v 的位置（避免電壓過高，造成三色 LED 燈會發出微弱的光線），R（紅色）接在 10，B（藍色）接在 6，G（綠色）接在 9，如果沒有這些腳位，可以選擇接在其他有 PWM 的腳位（3、5、11）。

接線示意圖：

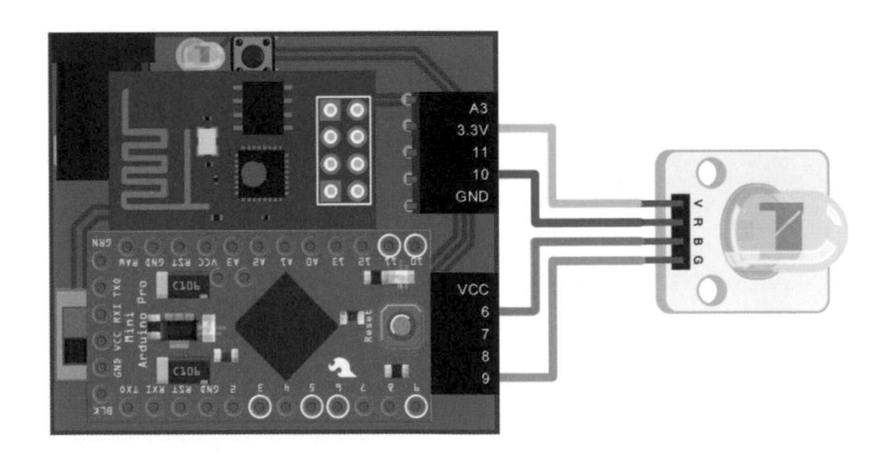

實際照片：

接線完成之後，打開練習網址，將開發板拖拉到畫面中，再將三色 LED 放到開發板裡，設定變數名稱為 rgbled，並設定對應的紅色、綠色與藍色腳位。

接著我們直接使用「設定顏色」的積木，設定 rgbled 的顏色為紅色，同時也將右側展示區域的顏色設定為紅色。(顏色設定的積木可以點選「顏色」，拖拉出來即可。)

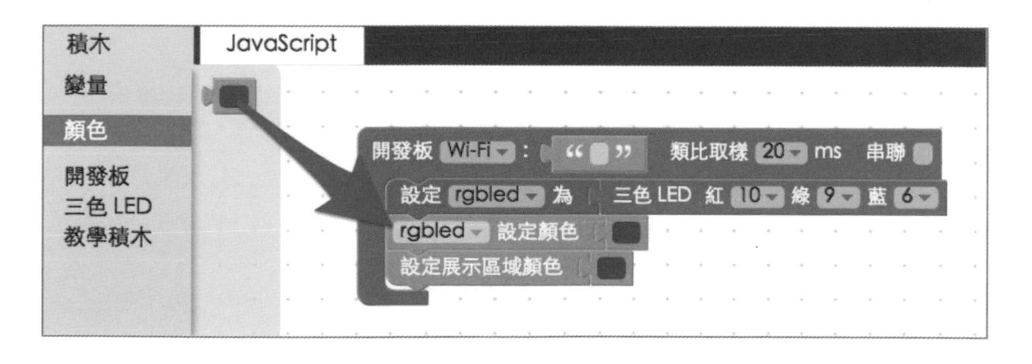

確認開發板上線之後，點選執行按鈕，就可以看到三色 LED 燈及右側的區域變成紅色。

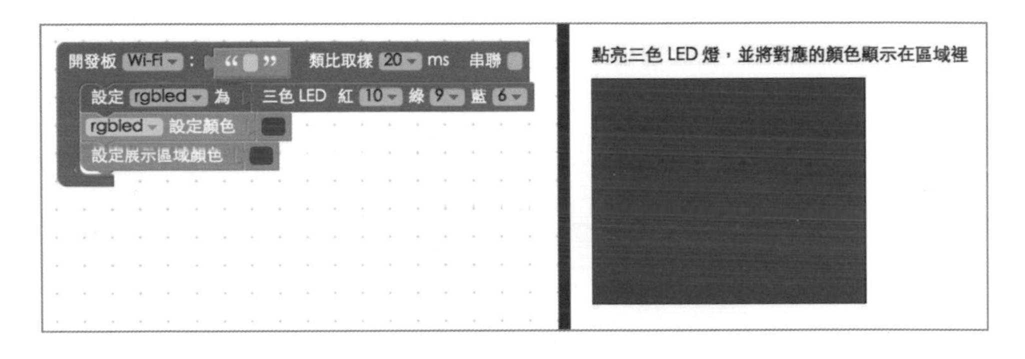

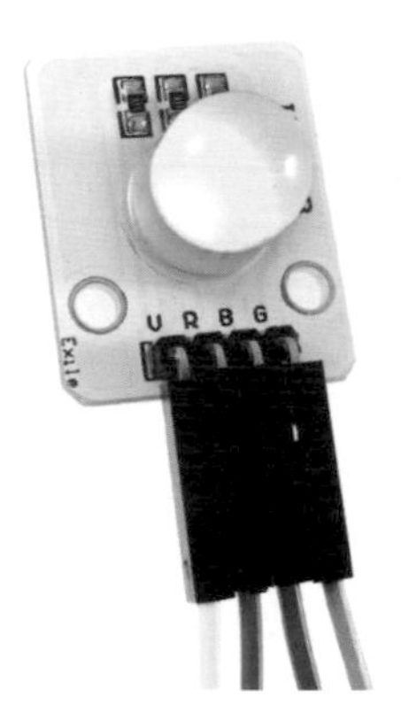

如果我們要改變顏色，只要點選顏色的積木，選擇我們要的顏色，選擇完成後，點選執行鈕，就會看到 LED 的顏色及右側區域的顏色更換了。

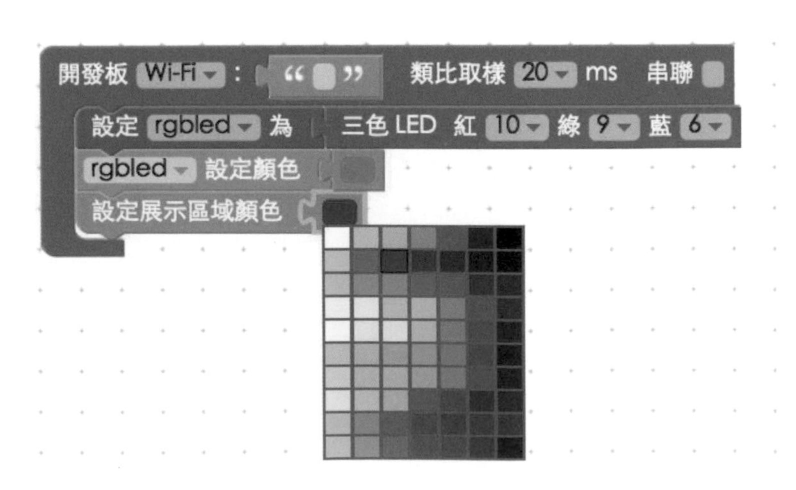

最後打開 JavaScript 看一下程式，這裡使用了「setColor」來定義顏色，在裡頭可以放入十六進位的色碼，或是使用「255,255,255」的 RGB 十進位的數字表示方式（數字為 0~255）。如果要自行修改程式，可以將其複製起來，貼到「程式編輯」工具裡，就可以進行後續進階的編輯。

Note

若要將程式要用在自己的網頁，必須載入 webduino-blockly.js 和 webduino-all.min.js 這兩支 JavaScript ！

JavaScript 程式碼

```
var rgbled;

boardReady('你的 device 名稱', function (board) {
  rgbled = getRGBLed(board, 10, 9, 6);
  rgbled.setColor('#009900');
  document.getElementById("show").style.background = '#009900';
});
```

在 HTML 裡我們已經預設了一個 id 為 show 的 div（也就是展示區域），所以我們便可以用 JavaScript 來改變它的背景顏色。

HTML 程式碼

```
<div id="show"></div>
```

CSS 程式碼

```
#show{
  width:60%;
  height:200px;
  border:1px solid #000;
  background:#ccc;
}
```

7.2 點選按鈕切換三色 LED 燈顏色

練習網址 http://blockly.webduino.io/?page=tutorials/rgbled-2

這個範例的接線方式和上面相同，差別在於右側的網頁多了四個按鈕，我們要做的事情是點選這些按鈕，讓 LED 與灰色區域的顏色變成按鈕上描述的顏色，點選紅色按鈕變成紅色，點選綠色按鈕變成綠色，點選藍色按鈕變藍色，點選 clear 讓顏色全暗（黑色）。

開始同樣放入開發板，開發板內擺上三色 LED 燈，紅色 10，綠色 9，藍色 6，將顏色都設定為黑色。

把點選按鈕的積木擺上去，內容就是點選不同按鈕要執行的事件（可以用下拉選單選擇不同按鈕）。

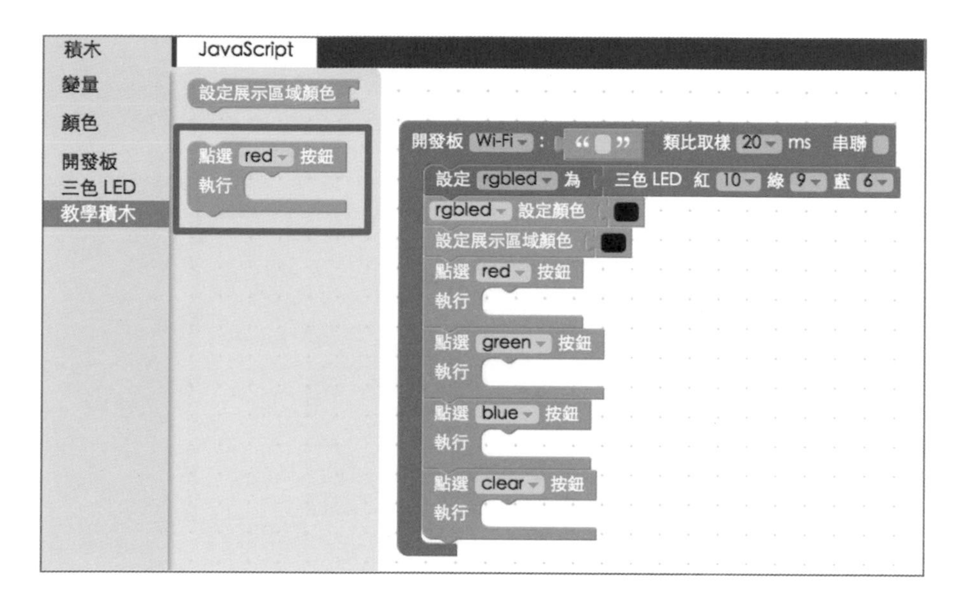

在各個按鈕內擺入對應的顏色。

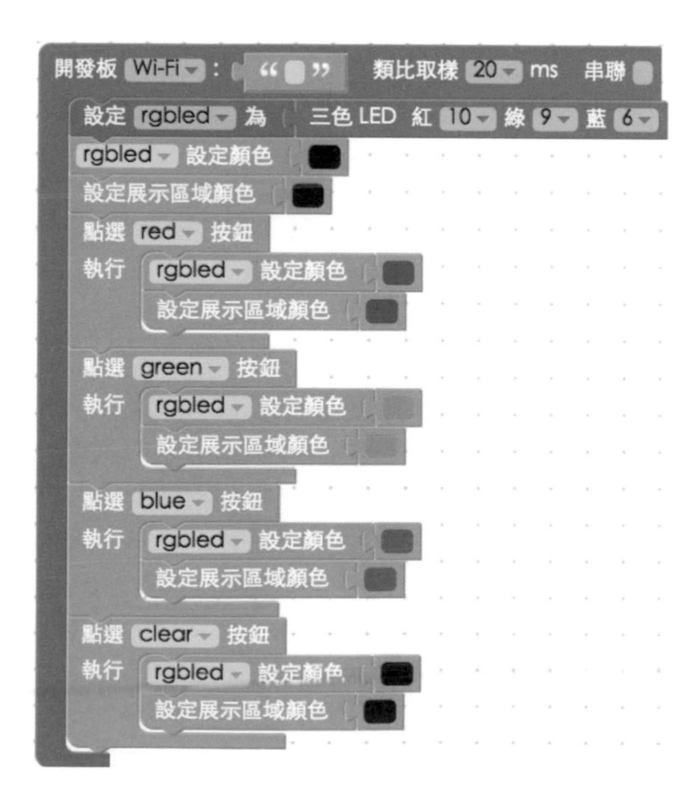

打開 Webduino 開發板的電源，待開發板上線之後，點選執行按鈕後，就可以看到三色 LED 燈的顏色還有區域的顏色，隨著我們點的按鈕不同而做切換。

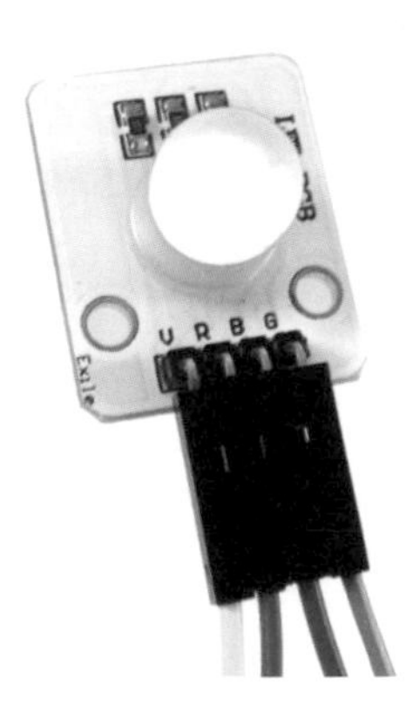

打開 JavaScript，可看到裡面有四個按鈕的點擊監聽事件（addEventListener），當按下去的時候，就使用「setColor」來讓三色 LED 燈變色，而區域的背景色就直接修改 style 的 background 即可。如果要自行修改程式，可以將其複製起來，貼到「程式編輯」工具裡，就可以進行後續進階的編輯。

Note

若要將程式要用在自己的網頁，必須載入 webduino-blockly.js 和 webduino-all.min.js 這兩支 JavaScript！

JavaScript 程式碼

```
var rgbled;

boardReady('40PV', function (board) {

  rgbled = getRGBLed(board, 10, 9, 6);

  rgbled.setColor('#000000');
  document.getElementById("show").style.background = '#000000';

  document.getElementById("redBtn").addEventListener("click",function(){
    rgbled.setColor('#ff0000');
    document.getElementById("show").style.background = '#ff0000';
  });

  document.getElementById("greenBtn").addEventListener("click",function(){
    rgbled.setColor('#009900');
    document.getElementById("show").style.background = '#009900';
  });

  document.getElementById("blueBtn").addEventListener("click",function(){
    rgbled.setColor('#3333ff');
    document.getElementById("show").style.background = '#3333ff';
  });

  document.getElementById("clearBtn").addEventListener("click",function(){
    rgbled.setColor('#000000');
    document.getElementById("show").style.background = '#000000';
  });

});
```

因為有按鈕的緣故，所以除了 show 這個 div 之外，在 HTML 內還有放入四個 button，讓我們設定點擊按鈕的行為，CSS 主要設定按鈕的外觀，讓不同的文字呈現不同的顏色。

HTML 程式碼

```
<button id="redBtn">RED</button>
<button id="greenBtn">GREEN</button>
<button id="blueBtn">BLUE</button>
<button id="clearBtn">CLEAR</button>
<div id="show"></div>
```

CSS 程式碼

```
button{
  display:inline-block;
  width:80px;
  height:50px;
  font-size:16px;
  line-height:48px;
  margin:5px;
  outline: none;
}
#redBtn{
  color:#f00;
}
#greenBtn{
  color:#0a0;
}
#blueBtn{
  color:#00f;
}
#show{
  width:80%;
  height:150px;
  border:1px solid #000;
  background:#ccc;
  margin:15px 5px;
}
```

7.3 三色 LED 調色盤

練習網址 http://blockly.webduino.io/?page=tutorials/rgbled-3

這個範例的接線方式是一樣的，打開練習網址後，可以看到右邊的網頁多了紅綠藍三個顏色的拉霸（滑桿），越往右邊拉該顏色就越明顯（LED 光線就越亮），越往左邊拉顏色就越黑（LED 光線就越暗），一開始先把開發板拉到畫面中，然後把三色 LED 放入開發板內，紅色 10、綠色 9、藍色 6，並將顏色都設定為黑色。

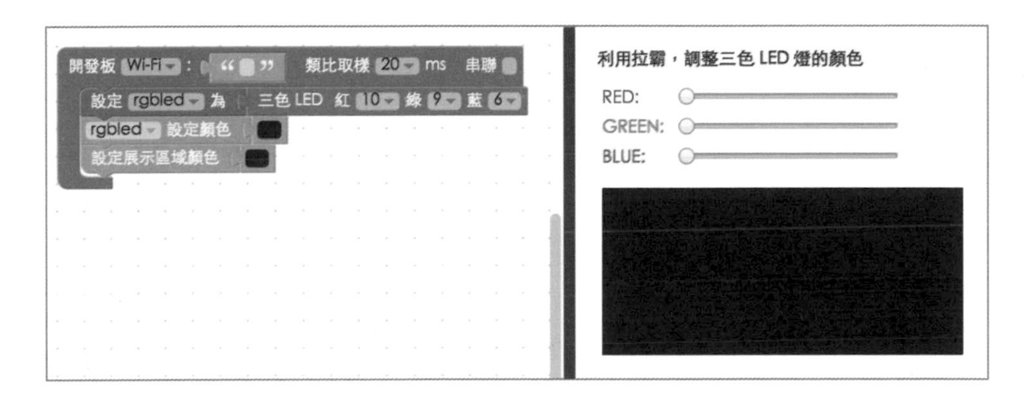

接著把「調整拉霸」的積木放到畫面裡，將 LED 與展示區域的顏色，設定為拉霸調整的顏色。

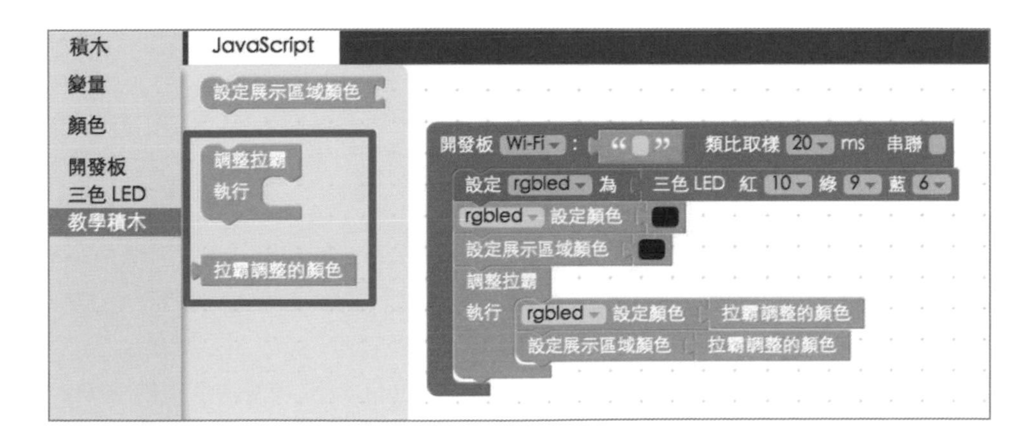

打開 Webduino 開發板的電源，待開發板上線之後，點選執行按鈕後，調整拉霸就會看到三色 LED 開始變色，顯示區域也會開始變色了。

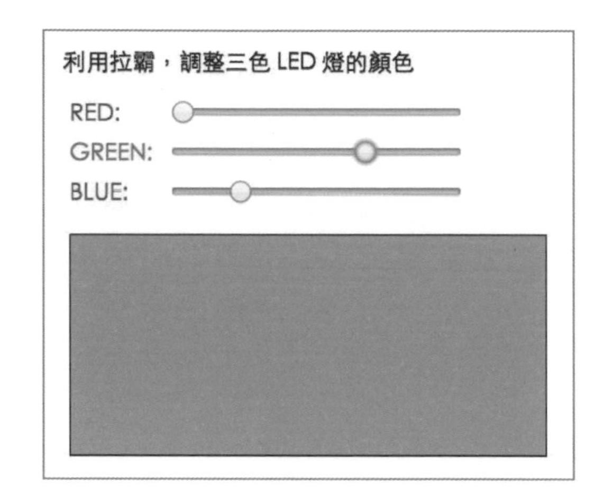

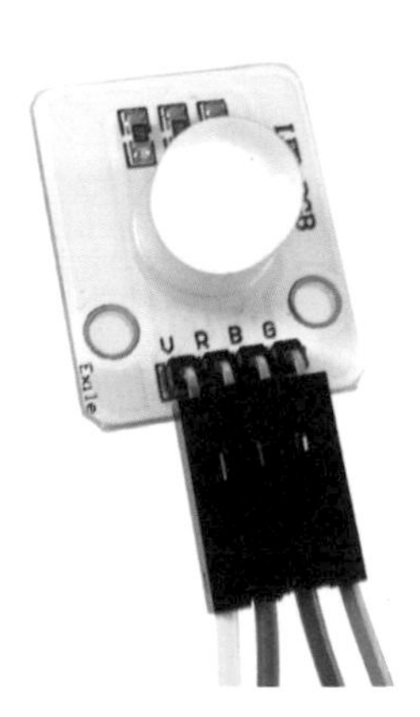

打開 JavaScript 看看程式怎麼寫的，這裡使用了一個比較特別的方法「toString(16)」，因為在 Blockly 的顏色設定，是使用十六進位的色碼，而我們的拉霸（range）傳出的數值為十進位的數字，範圍是 0 到 255，所以我們要用「toString(16)」來把拉霸十進位的數值，轉換成做十六進位文字，但又因為如果是 0 到 15 轉換出來前面沒有 0（十六進位的色碼為六碼，如果是個位數，前面就要補 0），所以要寫一個判斷去補上 0 和井字號。如果要自行修改程式，可以將其複製起來，貼到「程式編輯」工具裡，就可以進行後續進階的編輯。

Note

若要將程式要用在自己的網頁，必須載入 webduino-blockly.js 和 webduino-all.min.js 這兩支 JavaScript！

JavaScript 程式碼

```
var rgbled;


boardReady('你的 device 名稱', function (board) {

  rgbled = getRGBLed(board, 10, 9, 6);
  rgbled.setColor('#000000');
  document.getElementById("show").style.background = '#000000';

  var changeColor = function(){
    var color,r="00",g="00",b="00";
    var cc = function(e){
      var id=e.target.id;
      if(id=="redRange"){r=e.target.value*1; if(r<17){r="0"+r.toString(16);}
else{r=r.toString(16);}}
      if(id=="greenRange"){g=e.target.value*1; if(g<17){g="0"+g.toString(16);}
else{g=g.toString(16);}}
      if(id=="blueRange"){b=e.target.value*1; if(b<17){b="0"+b.toString(16);}
else{b=b.toString(16);}}
      color="#"+r+g+b;
      rgbled.setColor(color);
    document.getElementById("show").style.background = color;
    };
    document.getElementById("redRange").addEventListener("change",cc);
    document.getElementById("greenRange").addEventListener("change",cc);
    document.getElementById("blueRange").addEventListener("change",cc);
  };

  changeColor();

});
```

HTML 和按鈕的例子有點類似，只不過把 button 換成 input 而已，不過 input 的 type 要設為 range，才會是以拉霸的形態呈現，而拉霸可以設定最小值（min）、最大值（max）、間隔（step）和初始值（value），如此一來就可以用 JavaScript 來獲得拉霸的數值，進一步控制三色 LED。

HTML 程式碼

```
<span style="color:red;">RED:</span>
<input type="range" min="0" max="255" step="5" value="0" id="redRange">
<br/>
<span style="color:green;">GREEN:</span>
<input type="range" min="0" max="255" step="5" value="0" id="greenRange">
<br/>
<span style="color:blue;">BLUE:</span>
<input type="range" min="0" max="255" step="5" value="0" id="blueRange">
<div id="show"></div>
```

CSS 程式碼

```
span{
    display:inline-block;
    width:60px;
    margin:5px;
    outline: none;
  }
input{
    display:inline-block;
    width:80%;
    max-width:200px;
    margin:5px;
    outline: none;
  }
  #show{
    width:80%;
    height:150px;
    border:1px solid #000;
    background:#000;
    margin:15px 5px;
  }
```

7.4 轉吧七彩霓虹燈

練習網址 http://blockly.webduino.io/?page=tutorials/rgbled-4

這個範例的接線方式也和之前的三個範例相同，打開練習網址，我們要做的事情是點選右邊網頁的燈泡圖片，燈泡發光之後，三色 LED 燈的顏色就會按照我們要的順序與時間間隔變換。一開始的做法相同，把開發板拉到畫面中，放入三色 LED 燈，紅色 10、綠色 9、藍色 6，將顏色都設定為黑色，燈泡設定為 off。

把「點擊燈泡執行」「邏輯」的積木拉到畫面裡組合。

接著使用和控制兩顆 LED 燈閃爍同樣的方式，放入一個計時器，設定計時器的名稱為 timer，在裡頭先擺上「狀態」的積木，在狀態的缺口內放入三色 LED 燈的顏色，如此一來每個顏色就會按照我們設定的 300 毫秒進行切換，在「否則」的地方就是要停止計時器，並且把三色 LED 燈和燈泡都關起來。

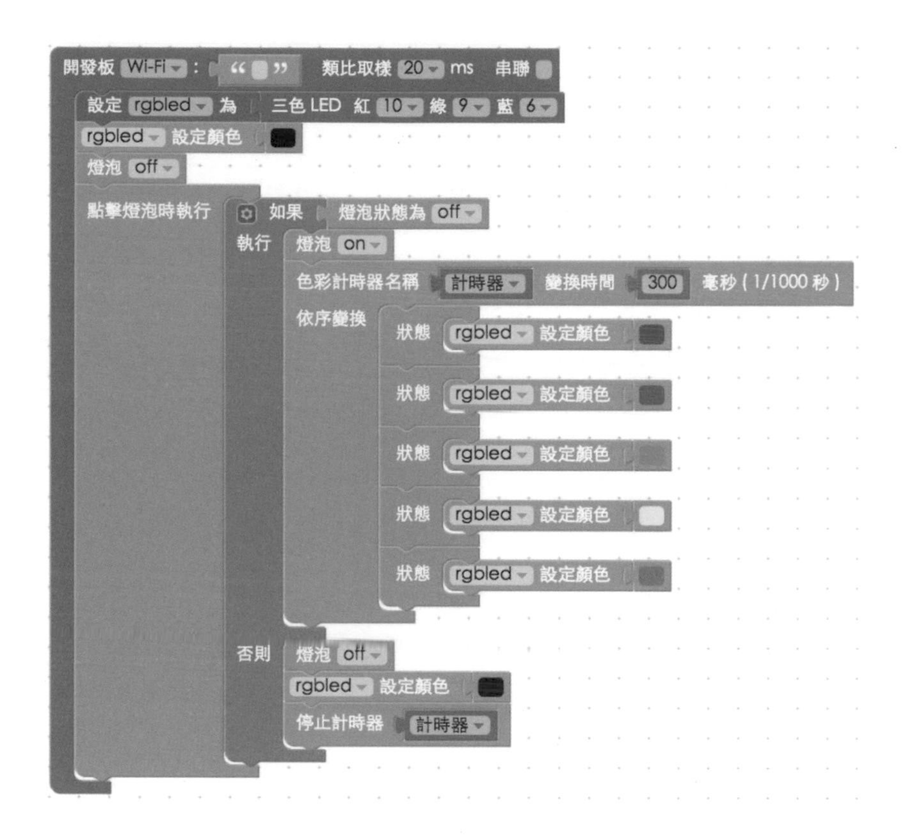

打開 Webduino 開發板的電源，待開發板上線之後，點選執行按鈕後，點擊燈泡圖片，就會看到三色 LED 燈以各種不同顏色的閃爍，再點選燈泡圖片就會關起來。

最後看一下 JavaScript 怎麼寫，計時器的設置方式一樣是使用「setTimeout」，比較特別的是這裡使用了 JavaScript ES6 的 Promise 語法，讓我們可以確保每個狀態都完成之後才會進行下一個狀態。如果要自行修改程式，可以將其複製起來，貼到「程式編輯」工具裡，就可以進行後續進階的編輯。

Note

若要將程式要用在自己的網頁，必須載入 webduino-blockly.js 和 webduino-all.min.js 這兩支 JavaScript！

JavaScript 程式碼

```
var rgbled;
var timer;

boardReady('40PV', function (board) {
  rgbled = getRGBLed(board, 10, 9, 6);

  rgbled.setColor('#000000');
  document.getElementById("light").setAttribute("class","off");

  document.getElementById("light").addEventListener("click",function(){

    if (document.getElementById("light").getAttribute("class")=="off") {
      document.getElementById("light").setAttribute("class","on");
      var dancing = function(){
        var time = 300;
        function delay(time){
          return new Promise(function(resolve) {
            timer = setTimeout(resolve, time);
          });
        }

      repeat();
      function repeat(){
          delay(1)  .then(function(){
```

```
            rgbled.setColor('#ff0000');
            return delay(time);
          }).then(function(){
            rgbled.setColor('#3333ff');
            return delay(time);
          }).then(function(){
            rgbled.setColor('#009900');
            return delay(time);
          }).then(function(){
            rgbled.setColor('#ffff00');
            return delay(time);
          }).then(function(){
            rgbled.setColor('#cc66cc');
            return delay(time);
          }).then(function(){
            repeat();
          });
        }
      };
      dancing();
    } else {
      document.getElementById("light").setAttribute("class","off");
      rgbled.setColor('#000000');
      clearTimeout(timer);
    }

  });

});
```

HTML 和之前控制 LED 燈的程式差不多，就是用兩張一明一暗的圖片切換，因此 HTML 裡頭就是放入這兩張圖片，再利用 CSS 切換，而 CSS 的控制就是交給 JavaScript 來處理了。

HTML 程式碼

```
<div id="light" class="off">
  <img src='http://i.imgur.com/T5H4MHE.png'>
  <img src='http://i.imgur.com/8qFj2Ou.png'>
</div>
```

CSS 程式碼

```
#light{
  width:70%;
  margin:0 5px;
}
#light img{
  width:100%;
  display:none;
}
#light.off img:first-child{
  display:inline-block;
}
#light.on img:last-child{
  display:inline-block;
}
```

8

Chapter

隔空控制的特異功能

在《賭聖》的電影裡，時常會看見隔空控制的超能力（隔山打牛？），現實生活當中，我們也可以透過超音波傳感器，偵測距離數值，利用數值的變化，實現真正的隔空控制。

8.1 認識超音波傳感器

練習網址 http://blockly.webduino.io/?page=tutorials/ultrasonic-1

在這個範例中我們使用的超音波傳感器的型號為 HC-SR04，在這個超音波傳感器結構上，有兩個類似喇叭的構造，左邊的是 Trig，會發送超音波（不需要用耳朵去聽，因為是超音波，耳朵聽不到），右邊是 Echo ，會接收超音波，利用 Trig 發送的超音波打到受測物反彈，利用 Echo 接收反射，根據發射的時間和接收的時間差，我們就可以知道與受測物之間的距離（距離 = 時間 x 速度），而我們使用的 HC-SR04 的超音波傳感器，可以偵測到 3~5 公尺的距離，最小精準度為「公分」。

接線的方式：將 VCC 接在 3.3v 或 VCC 的位置，GND 接在 GND 的位置，Trig 和 Echo 接在數字腳位上即可（在這篇我們將 Trig 接在 11、Echo 接在 10）。

接線示意圖：

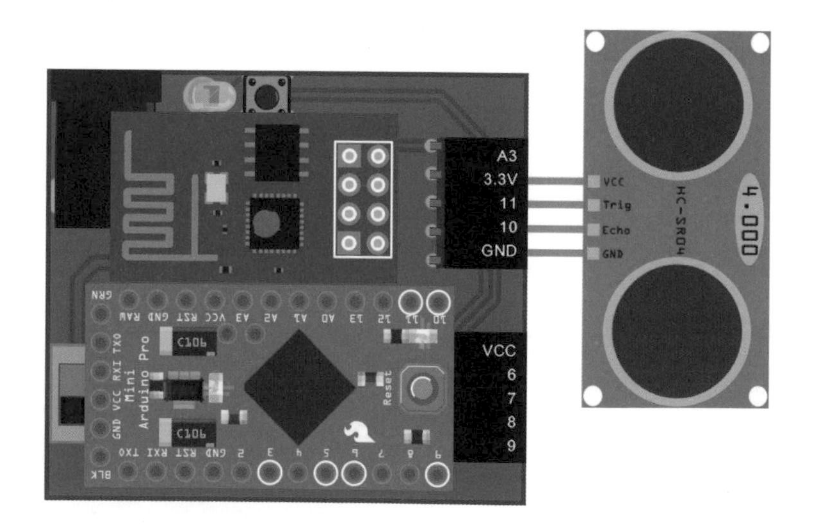

實際照片：

編輯方式先把開發板放到畫面中，把超音波放到開發板內，變數預設命名為 ultrasonic，Trig 接在 11、Echo 接在 10。

接著放入「擷取距離」的積木，設定每 500 毫秒（0.5 秒） 擷取一次，並將截取到的數值顯示在畫面右邊的網頁中。

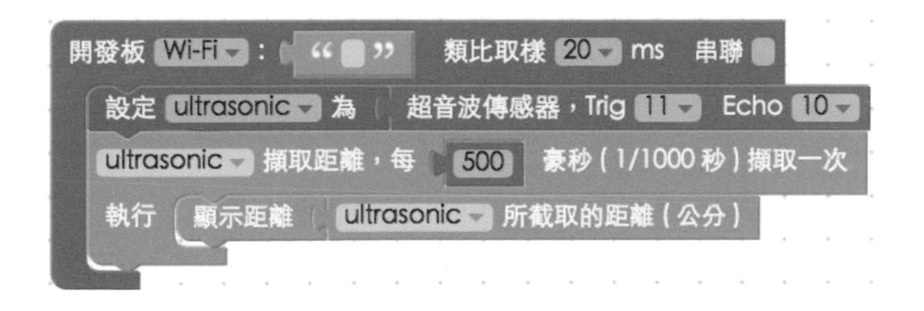

確認 Webduino 開發板上線之後，點選執行按鈕，用手或平整的遮蔽物放在超音波傳感器前方，就可以看到數值的變化。

開發板 Wi-Fi ： " " 類比取樣 20 ms 串聯
設定 ultrasonic 為 超音波傳感器，Trig 11 Echo 10
ultrasonic 擷取距離，每 500 毫秒（1/1000 秒）擷取一次
執行 顯示距離 ultrasonic 所截取的距離（公分）

使用超音波傳感器，回傳並顯示偵測到的公分數

12

打開 JavaScript 看看程式是怎麼寫的，超音波擷取距離用到了一個名為「ping」的 api 回傳距離，將回傳的距離用「innerHTML」的方式顯示在網頁上。如果要自行修改程式，可以將其複製起來，貼到「程式編輯」工具裡，就可以進行後續進階的編輯。

Note

若要將程式要用在自己的網頁，必須載入 webduino-blockly.js 和 webduino-all.min.js 這兩支 JavaScript ！

JavaScript 程式碼

```
var ultrasonic;


boardReady('你的 device 名稱', function (board) {
  ultrasonic = getUltrasonic(board, 11, 10);
  ultrasonic.ping(function(cm){
    console.log(ultrasonic.distance);
    document.getElementById("show").innerHTML = ultrasonic.distance;
  }, 500);
});
```

再來看到 HTML，我們預設放入了一個 id 為 show 的 div，也因此可以透過 getElementById("show") 將數字寫入這個 div 內。

HTML 程式碼

```
<div id="show">0</div>
```

8.2 隔空改變圖片大小

練習網址 http://blockly.webduino.io/?page=tutorials/ultrasonic-2

在上一個練習我們利用超音波傳感器獲取距離數值，在這個練習中，將實際用距離的數值，來改變網頁裡頭圖片的大小，一開始同樣先把開發板和超音波傳感器放到畫面中，Trig 設為 11、Echo 設為 10。

開發板 Wi-Fi : “ ” 類比取樣 20 ms 串聯
設定 ultrasonic 為 超音波傳感器，Trig 11 Echo 10

從教學積木裡頭挑選「圖片網址」的積木，在欄位填入想要縮放的圖片網址，不填也沒有關係，就會使用預設的圖片。

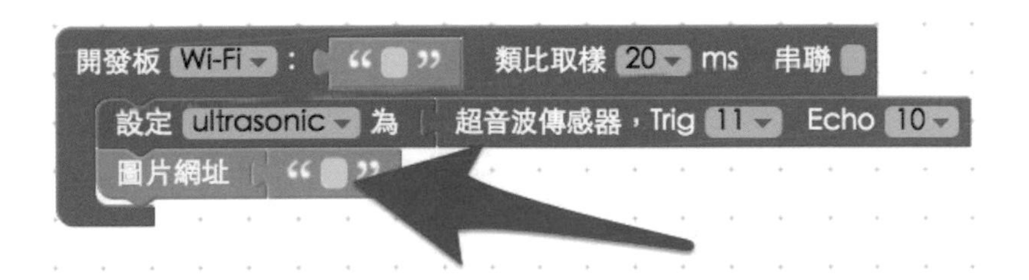

再來就是設定每 500 毫秒偵測一次，讓圖片的尺寸等於擷取到的距離兩倍，為什麼要兩倍呢？（其實乘上的倍數也可以更大），因為若偵測到的距離很近，圖片就會非常小，所以才設定為兩倍以上的大小。

開發板 Wi-Fi : “ ” 類比取樣 20 ms 串聯
設定 ultrasonic 為 超音波傳感器，Trig 11 Echo 10
圖片網址 “ ”
ultrasonic 擷取距離，每 500 毫秒（1/1000 秒）擷取一次
執行 顯示距離 ultrasonic 所截取的距離（公分）
圖片尺寸（寬度） ultrasonic 所截取的距離（公分） × 2

確認 Webduino 開發板上線之後點選執行按鈕，用手或平整的遮蔽物放在超音波傳感器前方，就可以看到數值的變化，同時圖片大小也會發生變化，順利的隔空改變圖片大小了。

使用超音波傳感器改變下面這張圖片的大小，並顯示數值

從 JavaScript 中可以看到我們利用 setAttribute 來改變圖片網址，不過已經有一個預設的圖片網址在上頭，如果沒有更換就會使用預設的，接著使用「style.width」語法改變圖片寬度，因為沒有設定高度，所以圖片會按照原本的比例縮放。如果要自行修改程式，可以將其複製起來，貼到「程式編輯」工具裡，就可以進行後續進階的編輯。

Note

若要將程式要用在自己的網頁，必須載入 webduino-blockly.js 和 webduino-all.min.js 這兩支 JavaScript ！

JavaScript 程式碼

```
var ultrasonic;

boardReady('你的 device 名稱', function (board) {
  ultrasonic = getUltrasonic(board, 11, 10);
  document.getElementById("image").setAttribute("src","https://webduino.io/img/
tutorials/tutorial-05-01s.jpg");
  ultrasonic.ping(function(cm){
    console.log(ultrasonic.distance);
    document.getElementById("show").innerHTML = ultrasonic.distance;
    document.getElementById("image").style.width = (ultrasonic.distance * 2)+"px";
  }, 500);
});
```

HTML 的 div 負責顯示數值，img 就是在數值下方的圖片，為了讓圖片的縮放過程很流暢，我們在 CSS 裡加入了「transition」的屬性，就可以讓縮放具有流暢的效果。

HTML 程式碼

```
<div id="show">0</div>
<img src="https://webduino.io/img/tutorials/tutorial-05-01s.jpg" id="image">
```

CSS 程式碼

```
#image{
  transition:.3s;
  max-width:100%;
}
#show{
  font-size:30px;
  margin-bottom:10px;
}
```

8.3 隔空改變音樂的音量大小

練習網址 http://blockly.webduino.io/?page=tutorials/ultrasonic-3

可以改變圖片大小不稀奇，這個練習將改變音樂的音量大小，一樣的做法，放入開發板，放入超音波，Trig 設為 11、Echo 設為 10，然後放入一個置入音樂的積木，裡頭可填入音樂的網址（不填也沒關係，會使用預設的音樂），再來我們設定音樂為播放，如此一來在按下執行按鈕時就會開始播放音樂。

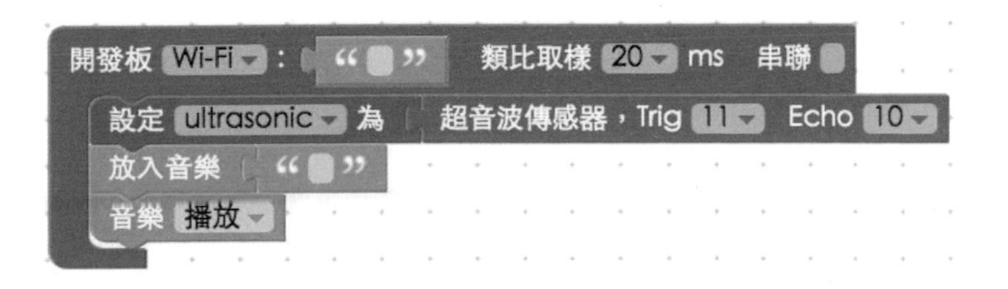

放入擷取距離的積木，每 500 毫秒擷取一次，將距離顯示在網頁中，同時也讓音量跟著改變，音量的大小其實是 0 到 1，不過這裡我們已經在程式碼內處理好了，只需要放入積木即可 (待會在 JavaScript 程式碼會介紹)。

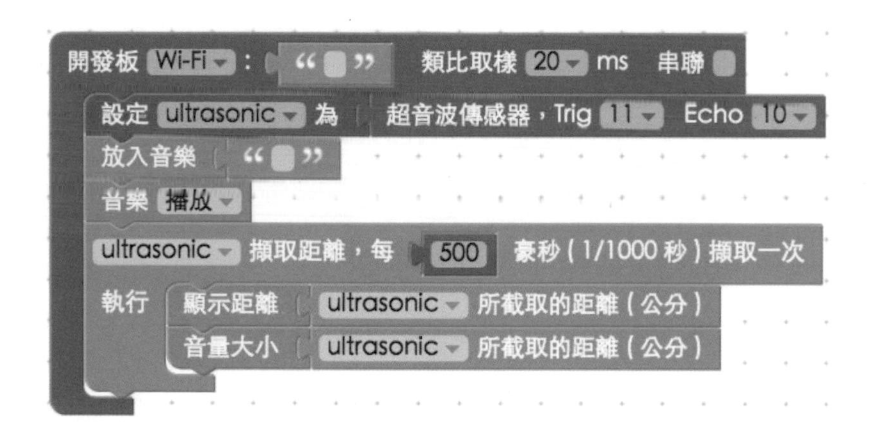

確認 Wcbduino 開發板上線之後，點選執行按鈕，用手或平整的遮蔽物放在超音波傳感器前方，就可以看到數值的變化，同時音樂音量大小也會發生變化，還可以看到音量的橫條在跑動，音量越大就會越紅，因量越小就會越綠。

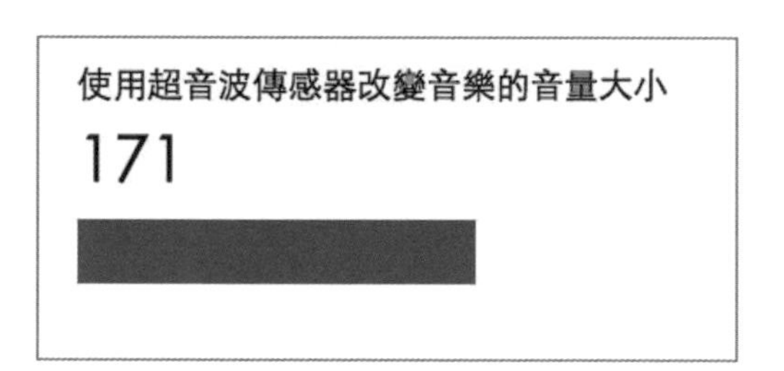

一邊聽著音樂一邊來看 JavaScript 怎麼寫，用網頁播放音樂使用的是 HTML5 的 audio 標籤，標籤已經先寫好在 HTML 裡，id 是 music，我們只要在標籤內加入 source 的標籤，就可以放入音樂，並利用 volume 控制其音量大小，因為音量是藉在 0 到 1 之間的數值，所以一開始我們先把獲得的超音波資訊除以 100，如此一來就可以控制音樂的大小，最後利用 0 到 255 轉換色彩資訊，就可以做出從綠到紅的顏色變換。如果要自行修改程式，可以將其複製起來，貼到「程式編輯」工具裡，就可以進行後續進階的編輯。

Note

若要將程式要用在自己的網頁，必須載入 webduino-blockly.js 和 webduino-all.min.js 這兩支 JavaScript ！

JavaScript 程式碼

```
var ultrasonic;

boardReady('你的 device 名稱', function (board) {
  ultrasonic = getUltrasonic(board, 11, 10);
  document.getElementById("music").innerHTML = "<source src='https://webduinoio.
github.io/event20150408/demo/minions/music.mp3' type='audio/mpeg'>";
  document.getElementById("music").play();
  ultrasonic.ping(function(cm){
    console.log(ultrasonic.distance);
    document.getElementById("show").innerHTML = ultrasonic.distance;
    var musicVolume = ultrasonic.distance/100;
    var musicVolumeBar = ultrasonic.distance;
    if(musicVolume>=1){musicVolume=1;}
    if(musicVolumeBar>=255){musicVolumeBar=255;}
    document.getElementById("music").volume=musicVolume;
    document.getElementById("volume").style.width = (10+musicVolumeBar)+"px";
    document.getElementById("volume").style.background =
"rgba("+musicVolumeBar+","+(255-musicVolumeBar)+",0,1)";
  }, 500);
});
```

HTML 裡就是放入呈現數字的 div，音量條的 div 以及 audio 的標籤，其中我們將 loop 設為 loop，表示會不斷重複的播放，而 CSS 就只是設定一些外觀顏色。

HTML 程式碼

```
<div id="show">0</div>
<div id="volume"></div>
<audio id='music' loop="loop" value="1">
```

CSS 程式碼

```
#show {
  font-size: 30px;
  margin-bottom: 10px;
}
#volume {
  transition: .3s;
  height: 30px;
  width: 10px;
  background:rgba(0,255,0,1);
}
```

8.4 隔空改變三色 LED 燈顏色

練習網址 http://blockly.webduino.io/?page=tutorials/ultrasonic-4

當我們已經可以控制網頁的圖片和音樂之後，接著要來結合之前學過的三色 LED，用超音波傳感器的數值來控制三色 LED 燈的顏色變換，超音波的 Trig 接在 7、Echo 接在 8，三色 LED 燈的紅色接在 10、綠色接在 9、藍色接在 6。

接線示意圖：

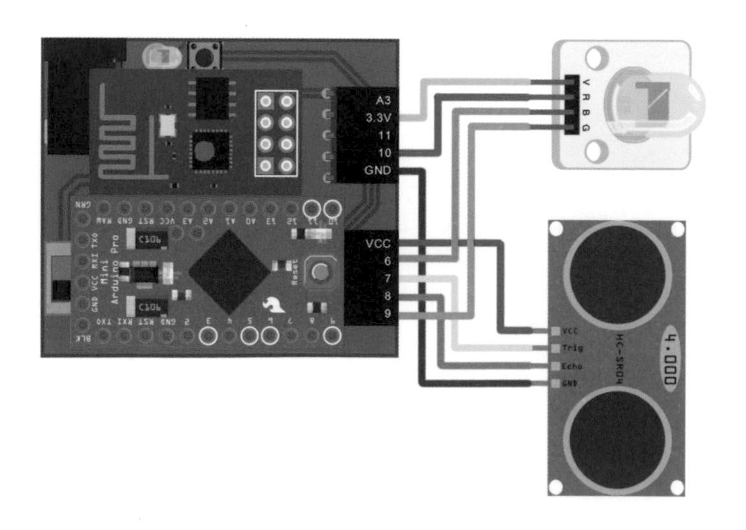

實際照片：

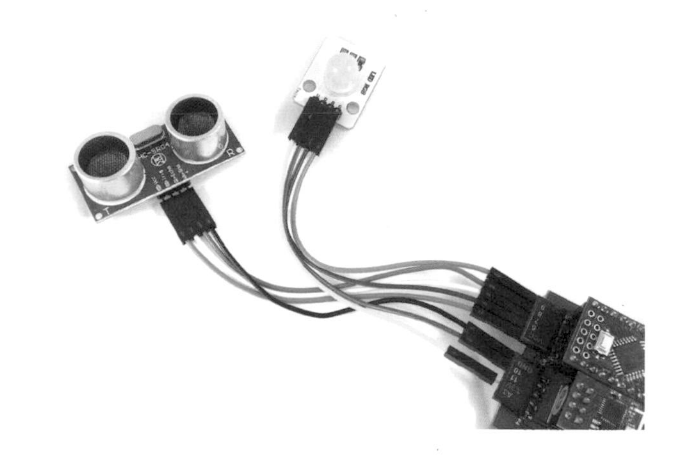

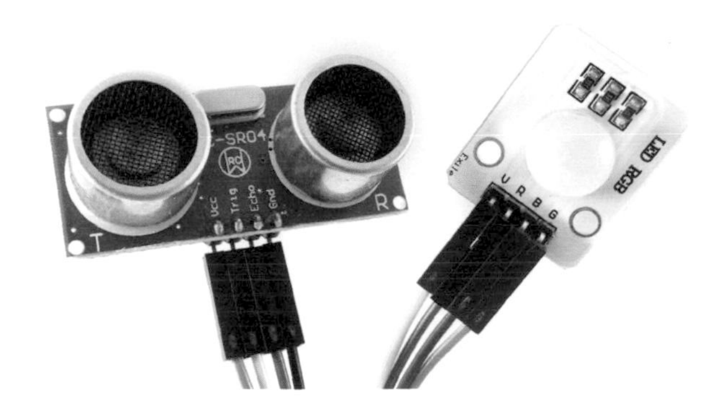

因為用到兩個傳感器，所以在開發板的積木內要放入兩個傳感器，並各自賦予變數名稱，超音波的變數名稱為：ultrasonic，三色 LED 燈的變數名稱為 rgbled，接腳按照接線方式做設定。

放入擷取距離的積木，每 500 毫秒擷取一次，接著在裡面放入邏輯的積木，這裡的邏輯用得比較多，主要是要判斷 0~9、10~19、20~29、30~39、40~49 以及大於 50 公分這六種區間，讓距離在每個區間時，三色 LED 可以呈現不同的顏色。

確認 Webduino 開發板上線之後，點選執行按鈕，用手或平整的遮蔽物放在超音波傳感器前方，就可以看到數值的變化，同時顯示區域的顏色和三色 LED 燈的顏色也會跟著改變。

最後看一下 JavaScript 是怎麼寫的，會發現這個範例並不難，只是程式碼和積木有較多的邏輯判斷。判斷距離，再根據距離去設定出對應的顏色而已。如果要自行修改程式，可以將其複製起來，貼到「程式編輯」工具裡，就可以進行後續進階的編輯。

Note

若要將程式要用在自己的網頁，必須載入 webduino-blockly.js 和 webduino-all.min.js 這兩支 JavaScript ！

JavaScript 程式碼

```
var ultrasonic;
var rgbled;

boardReady('你的 device 名稱', function (board) {

  ultrasonic = getUltrasonic(board, 7, 8);
  rgbled = getRGBLed(board, 10, 9, 6);
  rgbled.setColor('#000000');

  ultrasonic.ping(function(cm){

    console.log(ultrasonic.distance);

    if (ultrasonic.distance >= 0 && ultrasonic.distance < 10) {
      document.getElementById("show").style.background = '#ff0000';
```

```
      rgbled.setColor('#ff0000');
    } else if (ultrasonic.distance >= 10 && ultrasonic.distance < 20) {
      document.getElementById("show").style.background = '#009900';
      rgbled.setColor('#009900');
    } else if (ultrasonic.distance >= 20 && ultrasonic.distance < 30) {
      document.getElementById("show").style.background = '#3333ff';
      rgbled.setColor('#3333ff');
    } else if (ultrasonic.distance >= 30 && ultrasonic.distance < 40) {
      document.getElementById("show").style.background = '#cc33cc';
      rgbled.setColor('#cc33cc');
    } else if (ultrasonic.distance >= 40 && ultrasonic.distance < 50) {
      document.getElementById("show").style.background = '#ffff00';
      rgbled.setColor('#ffff00');
    } else {
      document.getElementById("show").style.background = '#ffffff';
      rgbled.setColor('#ffffff');
    }

  }, 500);
});
```

HTML 的部分也就只有放入一個 id 為 show 的 div 來表現顏色，相當容易。

HTML 程式碼

```
<div id="show"></div>
```

CSS 程式碼

```
#show{
  width:80%;
  height:150px;
  border:1px solid #000;
  background:#ccc;
  margin:15px 5px;
}
```

9

Chapter

聆聽世界的聲音

在我們的世界裡，充滿許有形無形的現象，例如紅外線、聲音、溫度、濕度 ... 等，在這個章節將會透過「溫濕度」、「人體紅外線偵測」與「聲音偵測」這三種傳感器，讓我們更容易發現這些現象的變化，聽到世界的聲音與自然的奧秘。

9.1 認識溫濕度傳感器

練習網址 http://blockly.webduino.io/?page=tutorials/dht-1

溫濕度傳感器是接收外界環境變數最基本的傳感器，透過溫濕度傳感器，可以準確的偵測溫度與溼度的即時變化，溫濕度傳感器通常有三支接腳，左右兩邊分別是 Vcc、GND，中間的是輸出腳位，部分的溫濕度傳感器會有四支接腳，但其中一支是沒有作用的，也就是正面朝上，從左邊數過來的第三支腳沒作用（如圖所示），為什麼沒作用呢？因為四支腳的排插成本較低，所以溫濕度傳感器的生產商就使用四支腳的排插了。

第三支腳沒有作用

溫濕度傳感器的接線方式，將 V 接在 3.3v，GND 接在 GND，輸出腳選擇一個數字腳位，這裡我們接在 11 號腳位。

接線示意圖：

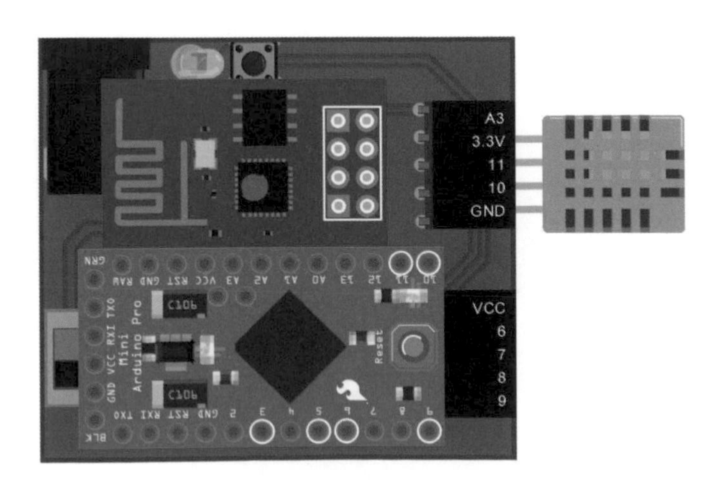

實際照片：

打開練習網址，放入開發板積木，填入對應的開發板 device 名稱，裡面放入溫濕度傳感器，變數名稱設定為 dht，腳位選擇 11。

和超音波傳感器類似，溫濕度也是可以設定一段時間偵測一次，這裡設定每一秒就偵測一次，偵測之後利用顯示積木顯示當前的溫度與濕度（可以用下拉選單選擇溫度或濕度）。

開發板 Wi-Fi ： " " 類比取樣 20 ms 串聯
設定 dht 為 溫濕度傳感器，腳位 11
dht 偵測溫濕度，每 1000 毫秒 (1/1000 秒) 擷取一次
執行 顯示 溫度 (攝氏) 為 dht 所測得目前的 溫度 (攝氏)
顯示 濕度 (%) 為 dht 所測得目前的 濕度 (%)

確認 Webduino 開發板上線之後，點選執行按鈕，就可以看到當前的溫濕度，可以拿到冷氣口或用嘴呵氣，就可以看到溫濕度的明顯變化。

使用溫濕度傳感器，回傳並顯示當前的溫度與濕度

溫度：25 °C
濕度：43 %

溫濕度的 JavaScript 很簡單，就是利用一個 read 的方法，後頭接上一個數字代表毫秒數，由程式碼中可以看到後頭接了 1000 毫秒的單位，擷取到的溫度用「temperature」表示，濕度用「humidity」表示。

JavaScript 程式碼

```
var dht;

boardReady('你的 device 名稱', function (board) {
  dht = getDht(board, 11);
  dht.read(function(evt){
    document.getElementById("temperature").innerHTML = dht.temperature;
    document.getElementById("humidity").innerHTML = dht.humidity;
  }, 1000);
});
```

HTML 裡已經預先放入了兩個 span，利用 JavaScript 抓取對應的 id，然後把剛剛獲得的溫濕度用 innerHTML 的方式寫在裡面，如此一來就完成了在網頁中顯示溫濕度的效果。

HTML 程式碼

```
<div id="show">
  溫度：<span id="temperature">0</span> <b>o</b>C<br/>
  濕度：<span id="humidity">0</span> %
</div>
```

9.2 偵測溫濕度並且繪製圖表

練習網址 http://blockly.webduino.io/?page=tutorials/dht-2

前一個範例我們已經會獲取溫濕度，不過光只有知道溫濕度好像不太夠，這個範例將實際用 Google Chart 的圖表繪製程式，幫我們將溫濕度畫成折線圖，這樣溫濕度的變化就更一目了然。

同樣先把開發板的積木放到畫面中，溫濕度傳感器的積木放到開發板內，腳位設定為 11，接著加入「區域折線圖」的模組，設定溫度與溼度的顏色，並將區域折線圖模組的名稱命名為：areachart。

有了折線圖模組之後，就要把溫濕度的數值傳給折線圖，和剛剛一樣的做法，每一秒偵測一次溫濕度，並使用折線圖繪製，將溫濕度的積木擺放在繪製的對應缺口內。

開發板 Wi-Fi : “ ” 類比取樣 20 ms 串聯
設定 dht 為 溫濕度傳感器，腳位 11
加入「區域折線圖」模組 areachart
溫度顏色
濕度顏色
dht 偵測溫濕度，每 1000 毫秒 (1/1000 秒) 擷取一次
執行 使用 areachart 開始繪製
溫度 dht 所測得目前的 溫度 (攝氏)
濕度 dht 所測得目前的 濕度 (%)

確認 Webduino 開發板上線之後，點選執行按鈕，除了可以看到當前的溫濕度，更可以看到溫濕度的圖表被畫出來。

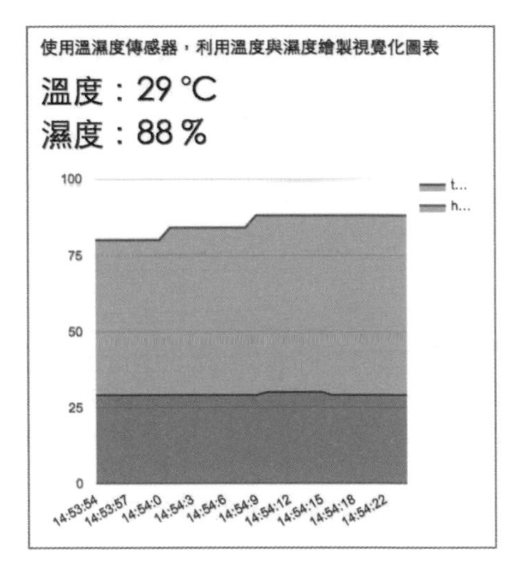

如果我們打開 JavaScript 可以看到一大堆的程式，如果看不懂沒有關係，因為這邊大部分是 Google Chart 所提供的圖表程式，只要將重點擺在 dht.read 的這段程式的部分即可，可以看到同樣使用 innerHTML 來顯示溫濕度，然後利用 a[1] 和 a[2] 來儲存溫度與濕度（a 是用來畫圖表的陣列），a[0] 則是獲取當下的時間，其他就交給圖表程式去處理就可以了，因為程式碼有點多，在這邊就不詳細列出。

```
積木    JavaScript
      title: "",
      hAxis: {title: "",titleTextStyle: {color: "#333"}},
     vAxis: {minValue: 0},
      chartArea: {top: 50,left: 50,width: "70%",height: "70%"},
      colors: ['#ff0000', '#0000ff']
    };
    var code = new google.visualization.AreaChart(document.getElementById("chart_div"));
    return code.draw(data, options);
  }
  dht.read(function(evt){
    document.getElementById("temperature").innerHTML = dht.temperature;
    document.getElementById("humidity").innerHTML =  dht.humidity;
    var time = new Date();
    var ts = time.getSeconds();
    var tm = time.getMinutes();
    var th = time.getHours();
    var a = [];
    if (areachart.areachart) {
      document.getElementById("chart_div").style.display="block";
      document.getElementById("chart_div1").style.display="none";
      document.getElementById("chart_div2").style.display="none";
      a[0] = th + ":" + tm + ":" + ts;
      a[1] = dht.temperature;
      a[2] = dht.humidity;
      areachart.origin.push(a);
      drawAreaChart(areachart.origin);
    }
    if (areachart.gauge) {
      document.getElementById("chart_div").style.display="none";
      document.getElementById("chart_div1").style.display="inline-block";
      document.getElementById("chart_div2").style.display="inline-block";
      areachart.origin1 = [["Label", "Value"],["humidity", dht.humidity]];
      areachart.origin2 = [["Label", "Value"],["temperature", dht.temperature]];
      drawGuage(areachart.origin1,areachart.origin2);
    }
  }, 1000);
});
```

除了繪製區域折線圖，Webduino 還提供了指針圖，只要把剛剛區域折線圖的模組，換成「指針」模組即可，當然變數名稱要記得更換為 gauge。

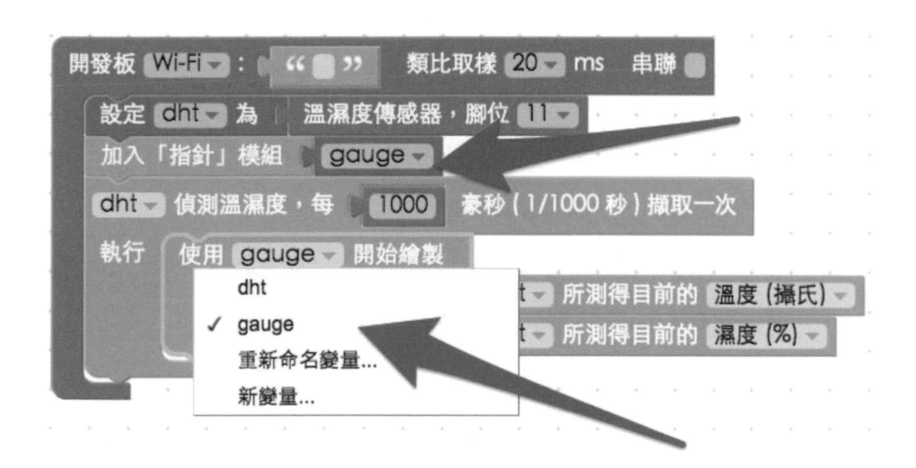

確認 Webduino 開發板上線之後，點選執行按鈕，就可以看到溫濕度用指針的方式呈現。

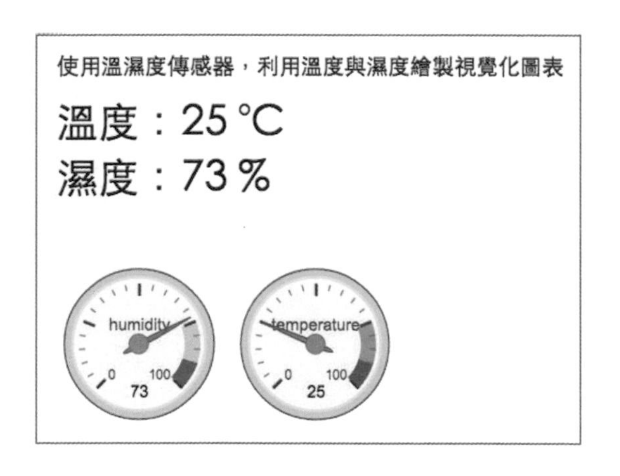

JavaScript 的部分應該也是一大串程式碼，同樣只要看關鍵的部分即可，不用太擔心。倒是 HTML 要解釋一下，在 HTML 裡頭除了顯示溫濕度的 span 之外有三個 div，chart_div1 和 chart_div 2 就是我們指針的圖表，而 chart_div 則是區域折線圖，因為在 JavaScript 內會將指定的圖表畫在對應的 div 內，所以才會這樣區隔。

HTML 程式碼

```
<div id="show">
    溫度：<span id="temperature">0</span> <b>o</b>C<br/>
    濕度：<span id="humidity">0</span> %<br/>
    <br/>
    <div id="chart_div1" style=" height: 120px; display:inline-block;"></div>
    <div id="chart_div2" style=" height: 120px;display:inline-block;"></div>
    <div id="chart_div" style="width: 100%; height: 400px;"></div>
</div>
```

9.3 認識人體紅外線偵測傳感器

練習網址 http://blockly.webduino.io/?page=tutorials/pir-1

人體紅外線偵測傳感器顧名思義，就是偵測人體發出的紅外線，當偵測到的時候就會傳送訊號，因此在測試的時候會拿個板子或盒子，將傳感器遮住，而人體紅外線傳感器的接線方式也和溫濕度一樣，Vcc 接在 3.3v、GND 接在 GND、out 的輸出訊號接在 11 號腳位，傳感器上有兩顆旋鈕，SX 代表靈敏度，TX 代表偵測的間隔時間。

接線示意圖：

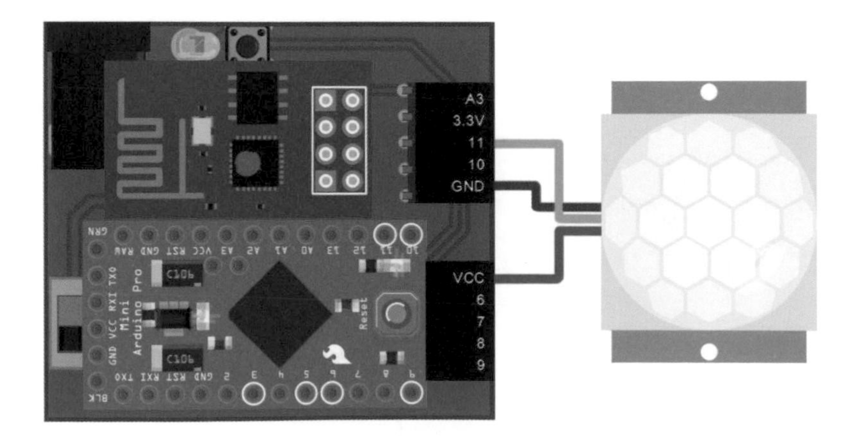

實際照片：

先把開發板的積木放到畫面中，將人體紅外線傳感器的積木放到開發板內，名稱命名為 pir，腳位設定為 11。

接著放入「偵測或沒偵測到，就執行什麼」的積木，設定如果有偵測到，就讓右邊的圖片變成發光的燈泡，如果沒有偵測到變化，就變回沒發光的燈泡，確認 Webduino 開發板上線之後，點選執行按鈕，用手在感測器前方晃呀晃，就可以看到燈泡圖片亮起來。

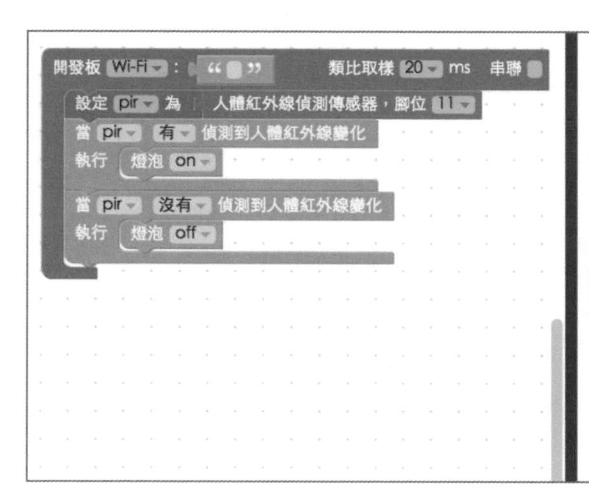

偵測到人體紅外線變化時，讓圖片的燈泡發亮

程式的原理在於兩個偵測事件，一個是「detected」，另外一個是「ended」，分別代表偵測到有變化，以及沒有偵測到變化，相關的行為就寫在事件的回呼函式裡，HTML 的寫法和 LED 燈的完全一樣，這邊就不再描述囉。

JavaScript 程式碼

```
var pir;

boardReady('你的 device 名稱', function (board) {

  pir = getPir(board, 11);
```

```
    pir.on("detected",function(){
      document.getElementById("light").setAttribute("class","on");
    });

    pir.on("ended",function(){
      document.getElementById("light").setAttribute("class","off");
    });

  });
```

9.4 偵測人體紅外線點亮 LED 燈

練習網址 http://blockly.webduino.io/?page=tutorials/pir-2

除了可以改變網頁的圖片，也可以像超音波傳感器一樣，偵測人體紅外線之後點亮 LED 燈，因為要接一個感測器及一顆 LED 燈，我們要利用杜邦接線或麵包版外接出來（如果腳位足夠，直接接在上面也是可以）。

接線示意圖：

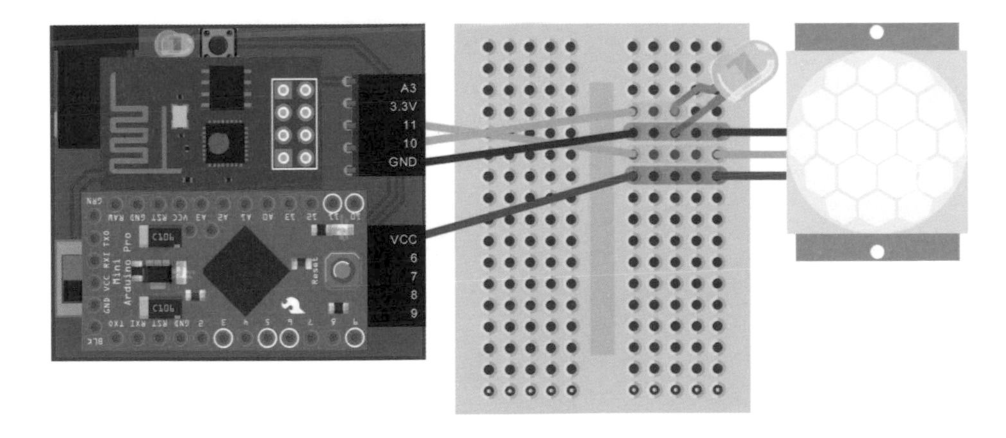

實際照片：

在開發板的積木裡，放入人體紅外線傳感器的積木，腳位接在 11，名稱為 pir；接著放入 LED 燈的積木，腳位接在 10，名稱為 led。讓一開始的時候 LED 燈熄滅，燈泡也熄滅。

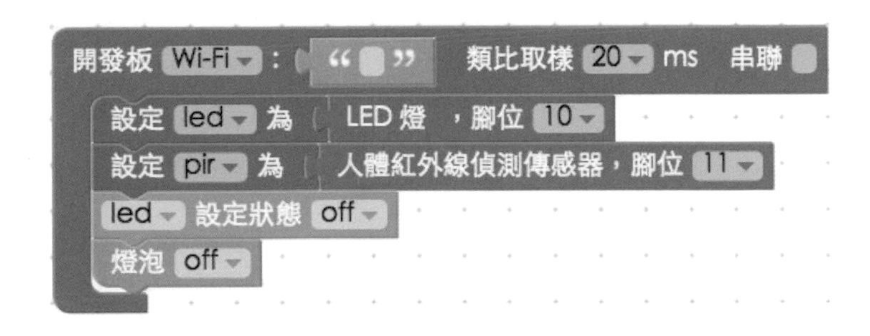

和上一個範例相同，放入「有」偵測到及「沒有」偵測到的積木，如果有偵測到，就點亮 LED 燈和燈泡，如果沒有，就關閉 LED 燈與燈泡。

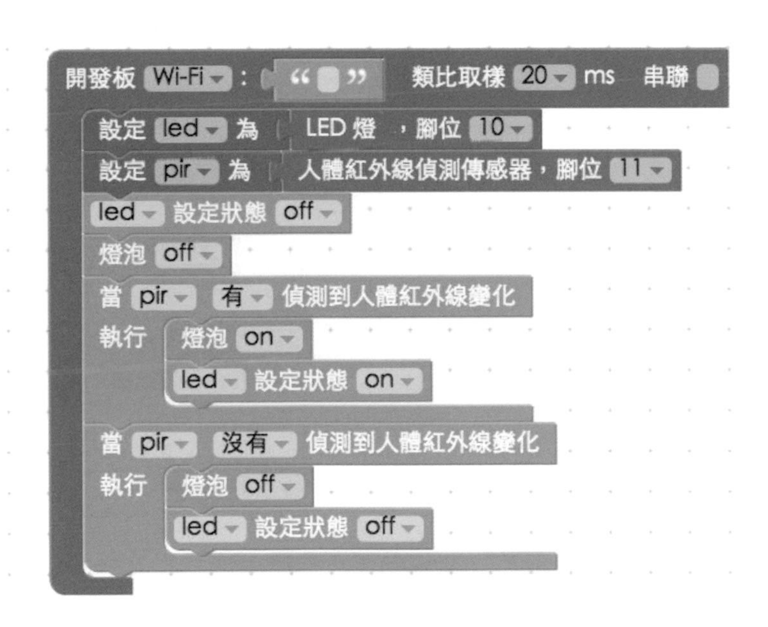

確認 Webduino 開發板上線之後，點選執行按鈕，用手在感測器前揮兩下，就會看到 LED 燈及燈泡被點亮。

JavaScript 同樣利用「detected」和「ended」，偵測到的時候用「led.on()」讓 LED 燈亮，沒有偵測到就使用「led.off()」來關閉 LED 燈，由於 HTML 的寫法都完全一樣，就不多作說明了。如果要自行修改程式，可以將其複製起來，貼到「程式編輯」工具裡，就可以進行後續進階的編輯。

Note

若要將程式要用在自己的網頁，必須載入 webduino-blockly.js 和 webduino-all.min.js 這兩支 JavaScript ！

JavaScript 程式碼

```
var led;
var pir;

boardReady('你的 device 名稱', function (board) {
  led = getLed(board, 10);
  pir = getPir(board, 11);
  led.off();
  document.getElementById("light").setAttribute("class","off");
  pir.on("detected",function(){
    document.getElementById("light").setAttribute("class","on");
    led.on();

  });
  pir.on("ended",function(){
    document.getElementById("light").setAttribute("class","off");
    led.off();

  });
});
```

9.5 認識聲音偵測傳感器

練習網址 http://blockly.webduino.io/?page=tutorials/sound-1

聲音偵測傳感器就是偵測聲音，只要偵測到聲音就會傳送訊號，傳感器上有個十字旋鈕，可以用螺絲起子調整靈敏度，接線方式和人體紅外線傳感器一樣，Vcc 接在 3.3v，GND 接在 GND，out 的輸出訊號接在 11 號腳位。

接線示意圖；

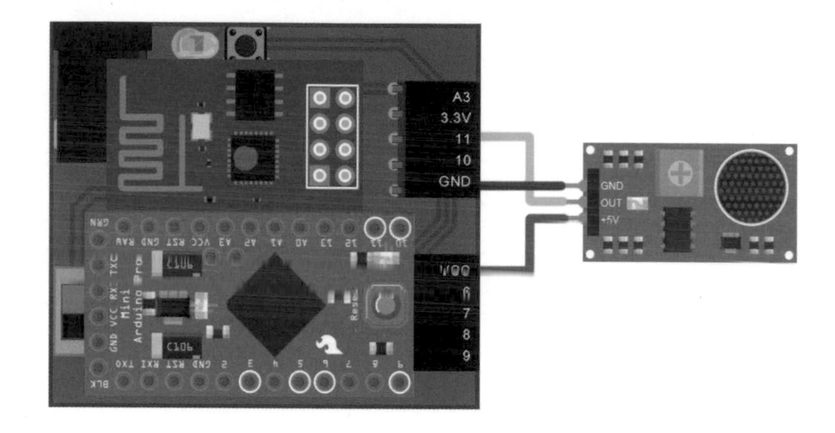

實際照片；

在畫面中放上開發板的積木，在裡面放入聲音偵測傳感器的積木，名稱命名為 sound，腳位接在 11 號，一開始先把燈泡的狀態設為 off。

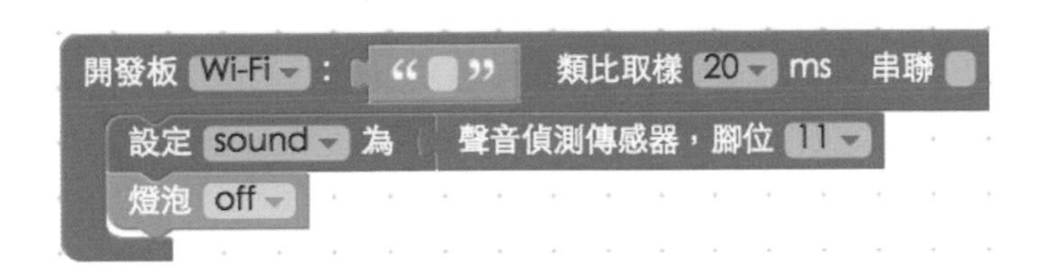

再來放入「有」和「沒有」偵測到聲音變化的積木，當有偵測到聲音變化時點亮燈泡，沒有偵測到聲音變化時熄滅燈泡，但因為聲音偵測傳感器偵測聲音的當下，會同時觸發「有」和「沒有」的事件，因此這裡延後 0.5 秒再讓燈泡熄滅。

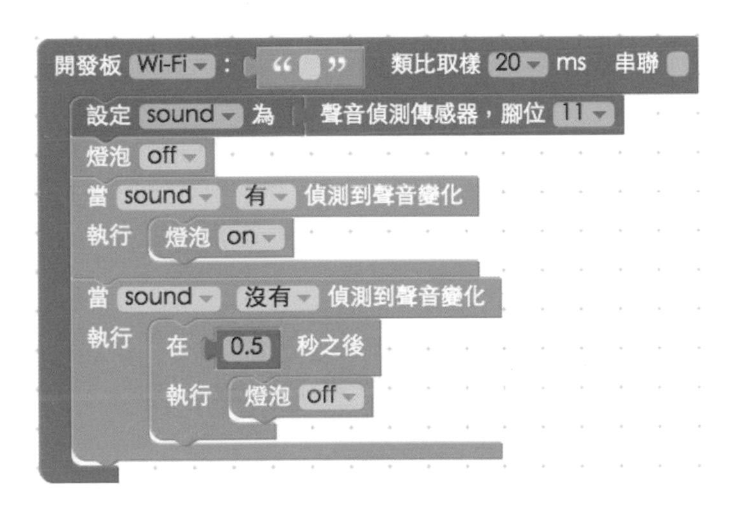

確認 Webduino 開發板上線之後，點選執行按鈕，對著聲音偵測傳感器發出聲音（對著上面的微型麥克風），就可以看到燈泡圖片被點亮。

JavaScript 和人體紅外線的程式很類似，都是使用「detected」和「ended」的事件，只是我們在結束時有多加入一個 setTimeout 來做延遲的動作，HTML 也和 LED 的一模一樣，就不多做介紹了。如果要自行修改程式，可以將其複製起來，貼到「程式編輯」工具裡，就可以進行後續進階的編輯。(注意，若要將程式要用在自己的網頁，必須載入 webduino-blockly.js 和 webduino-all.min.js 這兩支 JavaScript ！)

JavaScript 程式碼

```
var sound;



boardReady('你的 device 名稱', function (board) {
  sound = getSound(board, 11);
  document.getElementById("light").setAttribute("class","off");
  sound.on("detected",function(){
    setTimeout(function(){
      document.getElementById("light").setAttribute("class","on");

    },300);
  });
  sound.on("ended",function(){
    setTimeout(function(){
      setTimeout(function () {
      document.getElementById("light").setAttribute("class","off");
    }, 500);

    },300);
  });
});
```

9.6 偵測聲音點亮 LED 燈

練習網址 http://blockly.webduino.io/?page=tutorials/sound-2

了解了聲音偵測傳感器運作原理之後，同樣要偵測聲音點亮 LED 燈，因為傳感器和 LED 燈都需要 GND，所以我們利用麵包板來接線，讓兩者可以共地，除了 GND，聲音偵測傳感器的 out 接在 11 號腳位，LED 燈接在 10 號腳位。

接線示意圖：

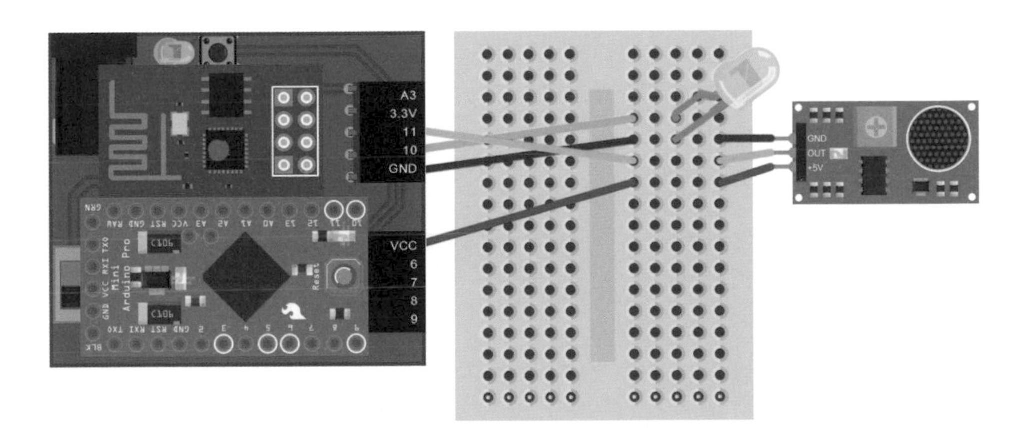

實際照片：

在畫面中放入開發板的積木，接著放入聲音偵測傳感器積木，命名為 sound，腳位設定為 11，放入 LED 燈，命名為 led，腳位設定為 10，然後一開始讓 LED 燈和燈泡都是熄滅的狀態。

```
開發板 Wi-Fi ：“ ” 類比取樣 20 ms 串聯
  設定 sound 為 聲音偵測傳感器，腳位 11
  設定 led 為 LED 燈 ，腳位 10
  led 設定狀態 off
  燈泡 off
```

和上個範例一樣，放入「有」和「沒有」偵測到聲音變化的積木，有偵測到當沒有偵測到聲音變化後一秒，將 LED 燈和燈泡圖片關閉。

```
開發板 Wi-Fi ：“ ” 類比取樣 20 ms 串聯
  設定 sound 為 聲音偵測傳感器，腳位 11
  設定 led 為 LED 燈 ，腳位 10
  led 設定狀態 off
  燈泡 off
  當 sound 有 偵測到聲音變化
  執行 led 設定狀態 on
       燈泡 on
  當 sound 沒有 偵測到聲音變化
  執行 在 1 秒之後
       執行 led 設定狀態 off
            燈泡 off
```

確認 Webduino 開發板上線之後，點選執行按鈕，對著聲音偵測傳感器發出聲音（對著上面的微型麥克風），就可以看到燈泡圖片被點亮，LED 燈也亮了起來。

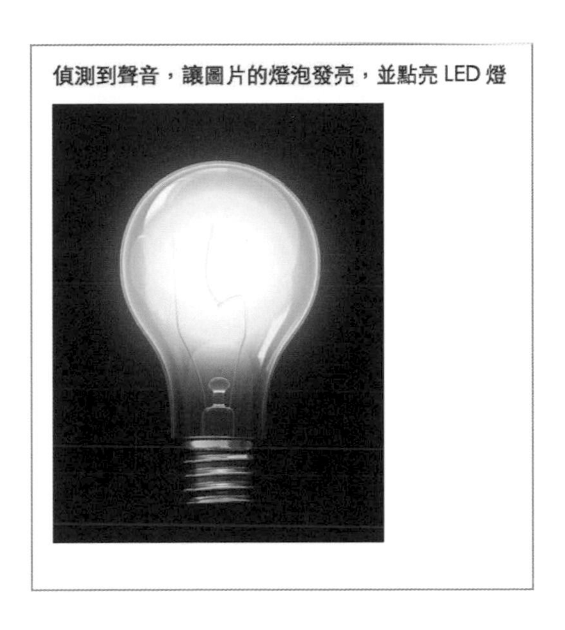

偵測到聲音，讓圖片的燈泡發亮，並點亮 LED 燈

JavaScript 沒有太特別的地方，基本上和前一個範例一模一樣，只是多了 led.on() 和 led.off() 而已。如果要自行修改程式，可以將其複製起來，貼到「程式編輯」工具裡，就可以進行後續進階的編輯。

JavaScript 程式碼

```
var sound;
var led;

boardReady('你的 device 名稱', function (board) {
  sound = getSound(board, 11);
  led = getLed(board, 10);
  led.off();
  document.getElementById("light").setAttribute("class","off");
  sound.on("detected",function(){
    setTimeout(function(){
      led.on();
    document.getElementById("light").setAttribute("class","on");

    },300);
  });
  sound.on("ended",function(){
    setTimeout(function(){
      setTimeout(function () {
      led.off();
      document.getElementById("light").setAttribute("class","off");
    }, 1000);

    },300);
  });
});
```

10

Chapter

小小作曲家

生活中無時無刻都有音樂的存在，從我們小時候開始，就已經會自己哼出一些曲調，在這個章節我們將利用「蜂鳴器」來發出不同聲調的聲音，並利用這些聲調組合成為一首曲子，人人都是小作曲家。

10.1 認識蜂鳴器

練習網址 http://blockly.webduino.io/?page=tutorials/buzzer-1

蜂鳴器是一個產生聲音的信號裝置，常見於一些警報器、電子玩具或計時器的發音元件中，根據不同的訊號產生不同頻率的震盪發聲，在這個範例我們使用的蜂鳴器有兩個腳位，負極接在 GND，正極接在訊號腳，這裡接在 11 號腳位。

接線示意圖：

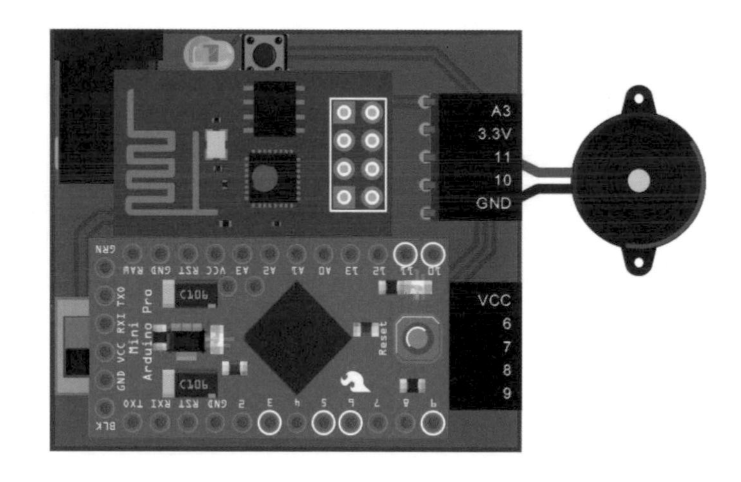

實際照片

簡單的接線完成後，在畫面中放入開發板的積木，再放入蜂鳴器的積木，名稱設定為 buzzer，腳位設為 11。

然後放入「建立音樂」的積木，將音樂的名稱設為 music，接著設定音符和節奏。音符與節奏的積木內，包含了「音調」、「音高」和「節奏」，音調就是我們常見的 Do Re Mi，可以想像成鋼琴的黑白鍵， C 等於白鍵的 Do，CS 等於 Do 和 Re 中間的黑鍵，依此類推，音高的部分為數字 1 到 7，數字愈大聲音越高也越大聲，節奏表示這個音的快慢，單位是幾分之一秒。

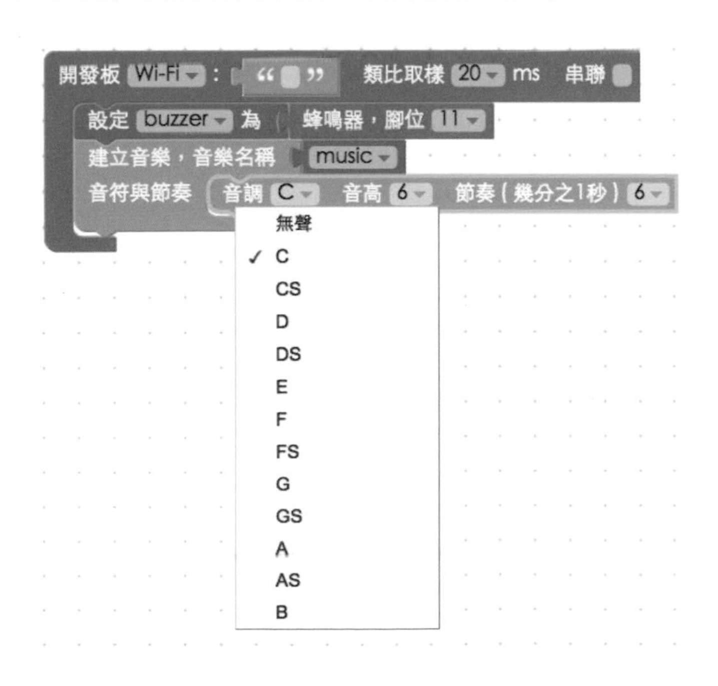

舉例來說，如果音調都設為 C，節奏都設為 6，設定音高從 1 到 7 各一個，播放的時候就會聽到 Do 的音從低到高播放。

開發板 Wi-Fi：“ ” 類比取樣 20 ms 串聯
設定 buzzer 為 蜂鳴器，腳位 11
建立音樂，音樂名稱 music
音符與節奏 音調 C 音高 1 節奏（幾分之1秒）6
音調 C 音高 2 節奏（幾分之1秒）6
音調 C 音高 3 節奏（幾分之1秒）6
音調 C 音高 4 節奏（幾分之1秒）6
音調 C 音高 5 節奏（幾分之1秒）6
音調 C 音高 6 節奏（幾分之1秒）6
音調 C 音高 7 節奏（幾分之1秒）6

如果將音高和節奏都設為 6，改變音調為 C、D、E、F、G、A、B，播放時就會聽到 Do、Re、Mi... 的聲音。

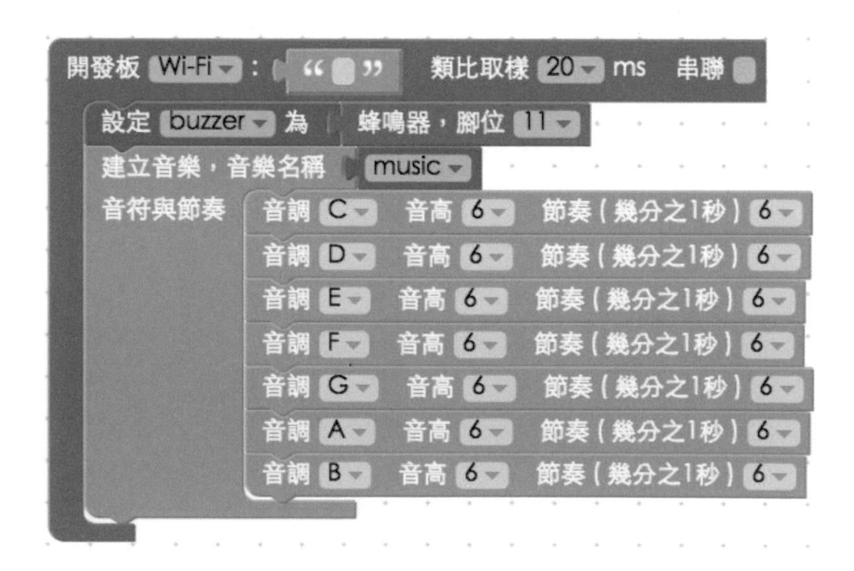

不過光是放上音符節奏是不會有聲音的，我們要使用播放的積木來播放 music，同時在右邊的網頁裡顯示音符和節奏。

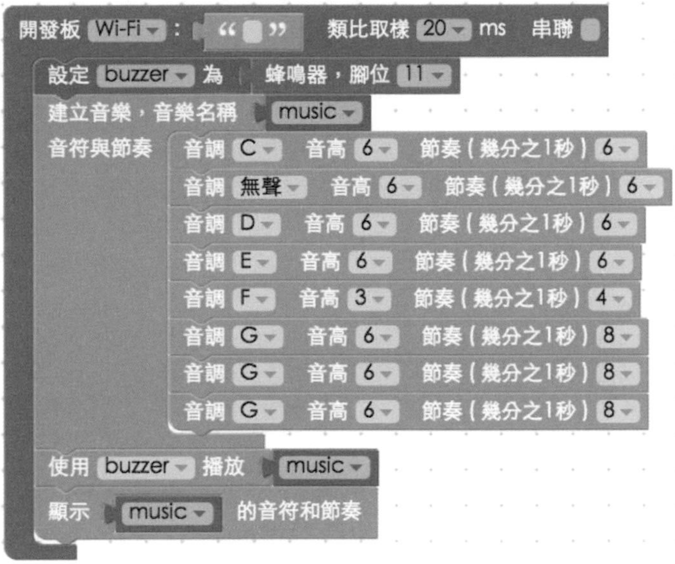

開發板 Wi-Fi ： " " 類比取樣 20 ms 串聯
設定 buzzer 為 蜂鳴器，腳位 11
建立音樂，音樂名稱 music
音符與節奏 音調 C 音高 6 節奏（幾分之1秒）6
音調 無聲 音高 6 節奏（幾分之1秒）6
音調 D 音高 6 節奏（幾分之1秒）6
音調 E 音高 6 節奏（幾分之1秒）6
音調 F 音高 3 節奏（幾分之1秒）4
音調 G 音高 6 節奏（幾分之1秒）8
音調 G 音高 6 節奏（幾分之1秒）8
音調 G 音高 6 節奏（幾分之1秒）8
使用 buzzer 播放 music
顯示 music 的音符和節奏

如此一來，確認 Webduino 開發板上線之後，點選執行按鈕，就會聽到我們要的音樂從蜂鳴器播放出來，同時右邊的網頁也會顯示音符和節奏。

製作一首音樂並用蜂鳴器播放，將音樂簡譜顯示在下方

音符：C6,0,D6,E6,F3,G6,G6,G6
節奏：6,6,6,6,4,8,8,8

JavaScript 有點長，最主要是我們建立了兩個陣列來紀錄音符與節奏，然後用 push 的方式把設定的音符（notes）和節奏（tempos）一一記錄到陣列中，最後再由陣列執行播放，同時我們也利用 innerHTML，將陣列顯示在網頁裡頭，從這裡可以看到，程式碼內音符和音高其實是合在一起的，因為這才是我們聽到的音調。

JavaScript 程式碼

```
var buzzer;
var music;

boardReady('你的 device 名稱', function (board) {
  buzzer = getBuzzer(board, 11);
  var music={};
```

```
  (function(){
    var musicNotes = {};
    musicNotes.notes = [];
    musicNotes.tempos = [];
    musicNotes.notes.push("C6");
    musicNotes.tempos.push("6");
    musicNotes.notes.push("D6");
    musicNotes.tempos.push("6");
    musicNotes.notes.push("E6");
    musicNotes.tempos.push("6");
    musicNotes.notes.push("F6");
    musicNotes.tempos.push("6");
    musicNotes.notes.push("G6");
    musicNotes.tempos.push("6");
    musicNotes.notes.push("A6");
    musicNotes.tempos.push("6");
    musicNotes.notes.push("B6");
    musicNotes.tempos.push("6");
    musicNotes.notes.push("C7");
    musicNotes.tempos.push("6");

    music.notes = musicNotes.notes;
    music.tempos = musicNotes.tempos;
  })();
  buzzer.play(music.notes, music.tempos);
  document.getElementById("buzzerNotes").innerHTML = music.notes;
  document.getElementById("buzzerTempos").innerHTML = music.tempos;
});
```

HTML 就很簡單，只是放入兩個 span 來讓音符與節奏顯示而已。

HTML 程式碼

```
<div id="show">
    音符：<span id="buzzerNotes"></span><br/>
    節奏：<span id="buzzerTempos"></span>
</div>
```

10.2 另外兩種製作音樂的方法

練習網址 http://blockly.webduino.io/?page=tutorials/buzzer-2

前一個範例介紹的方法是最基本的用法，其實還有另外兩種方式可以製作，第一種方式叫做快速建立音樂。使用「快速建立音樂」的積木可以直接填寫音符和音高，音符和音高是合在一起的，每個音符之間用逗號分開，節奏就是個別的數字（1~10），代表幾分之一秒，如果不填寫的話預設為 8，也就是每個音符都是八分之一秒，如果填寫的話也是用逗號分格，數量與音符的數量對應，如果節奏的數字數量比較少，沒有對應到節奏數字的音符，就會以八分之一秒播放。

第二種方式是針對完全不想自己做音樂，想直接聽或測試的人，也就是可以直接選擇播放資料庫的音樂，在 Webduino Blockly 工具內預設了三首旋律以及一首和弦，如果有兩台以上的開發板，可以串接兩台，如下圖就可以播放超級瑪莉的和弦，不然就是選擇其他兩首音樂播放。

這兩種方法在 JavaScript 的表現，都是直接用陣列的方式來呈現，從程式碼中可以看到一首超級瑪莉的音樂，是由這麼多的音符和節奏所組成。如果要自行修改程式，可以將其複製起來，貼到「程式編輯」工具裡，就可以進行後續進階的編輯。

若要將程式要用在自己的網頁，必須載入 webduino-blockly.js 和 webduino-all.min.js 這兩支 JavaScript。

JavaScript 程式碼

```
var buzzer;
var b1;

boardReady('', function (board) {
  b1 = getBuzzer(board, 11);
  b1.play(["E7","E7","0","E7","0","C7","E7","0","G7","0","0","0","G6","0","0","0","C7",
"0","0","G6","0","0","E6","0","0","A6","0","B6","0","AS6","A6","0","G6","E7","0","G7",
"A7","0","F7","G7","0","E7","0","C7","D7","B6","0","0","C7","0","0","G6","0","0","E6",
"0","0","A6","0","B6","0","AS6","A6","0","G6","E7","0","G7","A7","0","F7","G7","0","E7",
"0","C7","D7","B6","0","0"],["8"].notes, ["E7","E7","0","E7","0","C7","E7","0","G7",
"0","0","0","G6","0","0","0","C7","0","0","G6","0","0","E6","0","0","A6","0","B6","0",
"AS6","A6","0","G6","E7","0","G7","A7","0","F7","G7","0","E7","0","C7","D7","B6","0",
"0","C7","0","0","G6","0","0","E6","0","0","A6","0","B6","0","AS6","A6","0","G6","E7",
"0","G7","A7","0","F7","G7","0","E7","0","C7","D7","B6","0","0"],["8"].tempos);
});
```

10.3 點選網頁按鈕，切換蜂鳴器音樂

練習網址 http://blockly.webduino.io/?page=tutorials/buzzer-3

已經知道如何用蜂鳴器播放音樂之後，就要用網頁的按鈕來做切換音樂的動作，在右邊的網頁放了四顆按鈕，分別有三首音樂（用 music1、music2 和 music3 表示），還有一個停止的按鈕，一開始我們放入開發板的積木，裡頭放入蜂鳴器，名稱為 buzzer，腳位設定為 11，接著利用「建立音樂」建立第一首曲目，音樂名稱為 m1。

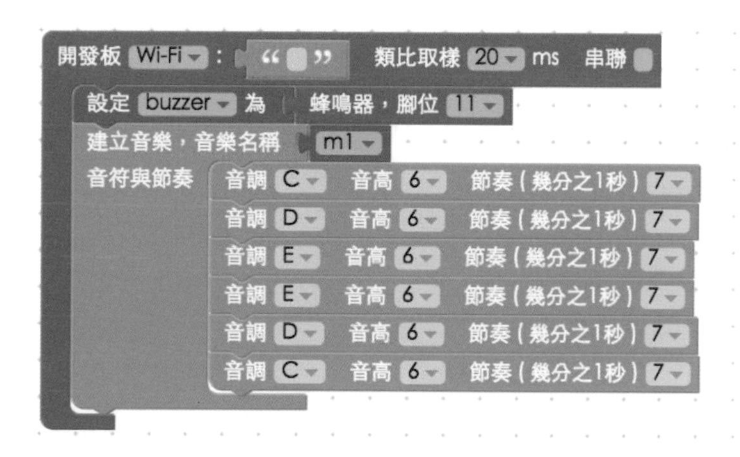

然後利用「快速建立音樂」，音樂名稱設定為 m2。

開發板 Wi-Fi : " " 類比取樣 20 ms 串聯
設定 buzzer 為 蜂鳴器，腳位 11
建立音樂，音樂名稱 m1
音符與節奏
音調 C 音高 6 節奏（幾分之1秒）7
音調 D 音高 6 節奏（幾分之1秒）7
音調 E 音高 6 節奏（幾分之1秒）7
音調 E 音高 6 節奏（幾分之1秒）7
音調 D 音高 6 節奏（幾分之1秒）7
音調 C 音高 6 節奏（幾分之1秒）7
快速建立音樂，音樂名稱 m2
音符 "C6,D6,E6,F6,G6,A6,B6"
節奏 "8"

再來就是設定按鈕事件，利用教學積木的「點選執行」，選擇對應的按鈕，利用 buzzer 來播放音樂，music1 和 music2 分別對應到 m1 和 m2，music3 就直接播放音樂即可，stop 的事件就讓 buzzer 停止播放。

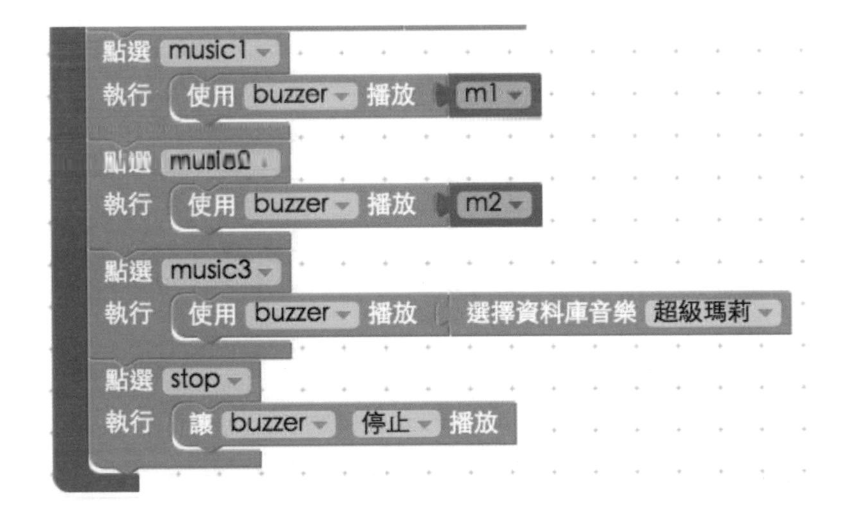

確認 Webduino 開發板上線之後，點選執行按鈕，接著點選網頁裡的按鈕，就會聽到對應的音樂播放。

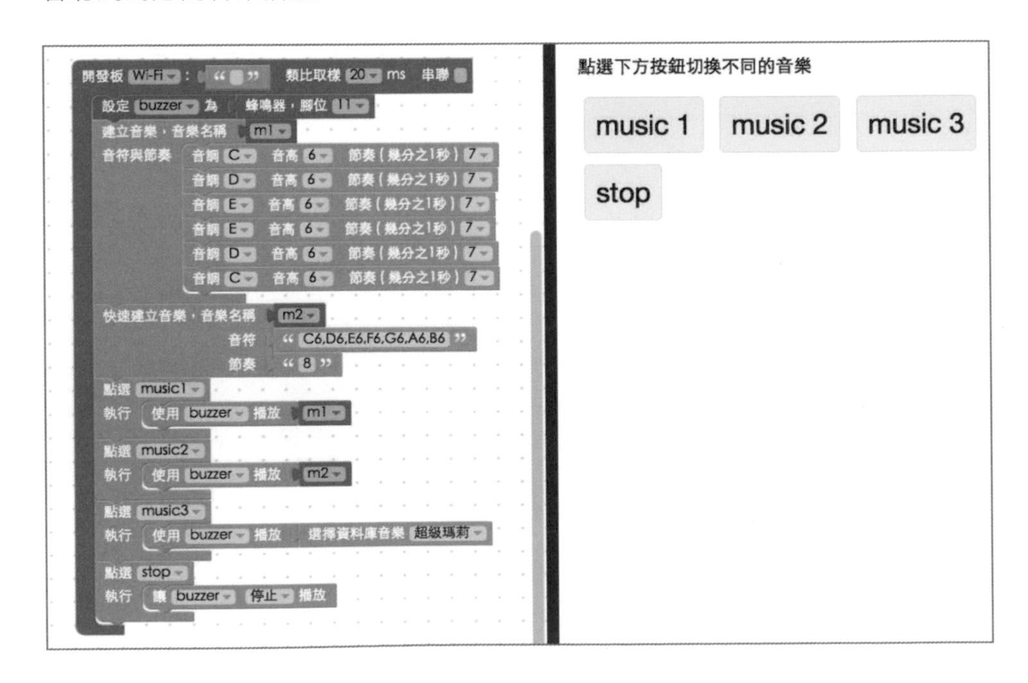

透過 JavaScript，可以看到我們利用 play、stop 的蜂鳴器方法，來時做出播放和停止的功能。如果要自行修改程式，可以將其複製起來，貼到「程式編輯」工具裡，就可以進行後續進階的編輯。

JavaScript 程式碼

```
var buzzer;
var m1;
var m2;

boardReady('你的 device 名稱', function (board) {
  buzzer = getBuzzer(board, 11);
  var m1={};
  (function(){
    var musicNotes = {};
    musicNotes.notes = [];
    musicNotes.tempos = [];
    musicNotes.notes.push("C6");
    musicNotes.tempos.push("7");
    musicNotes.notes.push("D6");
    musicNotes.tempos.push("7");
    musicNotes.notes.push("E6");
    musicNotes.tempos.push("7");
    musicNotes.notes.push("E6");
    musicNotes.tempos.push("7");
    musicNotes.notes.push("D6");
    musicNotes.tempos.push("7");
    musicNotes.notes.push("C6");
    musicNotes.tempos.push("7");

    m1.notes = musicNotes.notes;
    m1.tempos = musicNotes.tempos;
  })();
  var m2={};
  (function(){
    m2.notes = ['C6','D6','E6','F6','G6','A6','B6'];
    m2.tempos = ['8'];
  })();
```

```
  document.getElementById("m1").addEventListener("click",function(){
      buzzer.play(m1.notes, m1.tempos);

  });
  document.getElementById("m2").addEventListener("click",function(){
      buzzer.play(m2.notes, m2.tempos);

  });
  document.getElementById("m3").addEventListener("click",function(){
      buzzer.play(["E7","E7","0","E7","0","C7","E7","0","G7","0","0","0","G6","0","0",
"0","C7","0","0","G6","0","0","E6","0","0","A6","0","B6","0","AS6","A6","0","G6","E7",
"0","G7","A7","0","F7","G7","0","E7","0","C7","D7","B6","0","0","C7","0","0","G6","0",
"0","E6","0","0","A6","0","B6","0","AS6","A6","0","G6","E7","0","G7","A7","0","F7","G7",
"0","E7","0","C7","D7","B6","0","0"],["8"].notes, ["E7","E7","0","E7","0","C7","E7",
"0","G7","0","0","0","G6","0","0","0","C7","0","0","G6","0","0","E6","0","0","A6","0",
"B6","0","AS6","A6","0","G6","E7","0","G7","A7","0","F7","G7","0","E7","0","C7","D7",
"B6","0","0","C7","0","0","G6","0","0","E6","0","0","A6","0","B6","0","AS6","A6","0",
"G6","E7","0","G7","A7","0","F7","G7","0","E7","0","C7","D7","B6","0","0"],["8"].
tempos);

  });
  document.getElementById("stop").addEventListener("click",function(){
      buzzer.stop();

  });
});
```

HTML 是放入四顆按鈕，分別給予 id 名稱為 m1、m2、m3 和 stop，方便讓 JavaScript 控制。

HTML 程式碼

```
<button id="m1">music 1</button>
<button id="m2">music 2</button>
<button id="m3">music 3</button><br/>
<button id="stop">stop</button>
```

Chapter 11

點點按按好玩

在日常生活中充滿著大大小小的開關，舉凡牆上的電燈開關、電器用品的開關 ... 等屢見不鮮，在這個章節將會實際用按鈕開關，來玩一些有趣的應用。

11.1 認識按鈕開關

練習網址 http://blockly.webduino.io/?page=tutorials/button-1

按鈕開關就是具備了「點壓」功能的開關，壓下去的時候「開」，放開的時候「關」，按鈕開關有四支腳，兩兩成對，成對的一邊互不通電，當按壓按鈕時就會通電。

因為是開關，所以我們先來認識一下「開關的原理」，開關的目的是讓正極與負極中間可成「通路」或成「斷路」（如圖所示）。當通路的時候，也就是開關打開，與負極在同一側的訊號腳會收到不同電位差的訊號，可知開關打開；當斷路也就是開關關閉時，訊號腳會恢復原本的電位差，也就知道開關關閉。

開關原理圖：

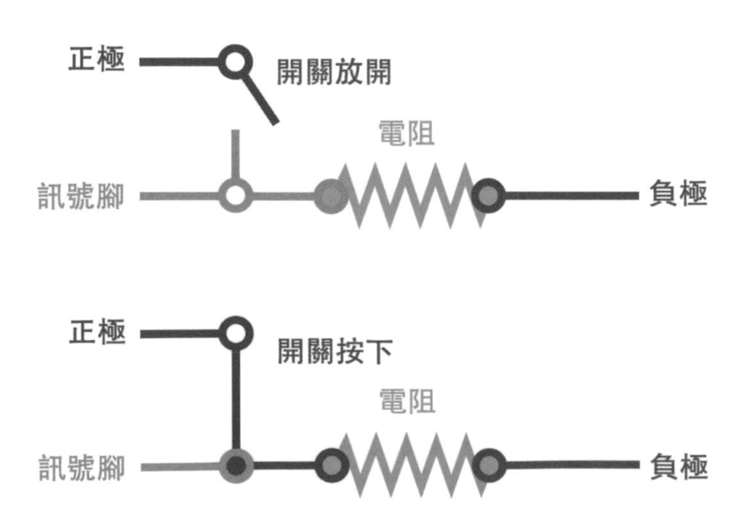

了解開關原理之後，再來就是要接線，一開始先把按鈕開關放到麵包板上，因為麵包版中間是斷路，所以讓按鈕開關橫跨中間。

將訊號線和正極（VCC 或 3.3v） 接在同一側， 另外一側接負極（GND），為了避免開關打開的時候短路（因為中間沒有接電器或電子零件，等同於短路），所以要加上一個電阻保護，訊號腳接在 11 號腳位。

接線示意圖：

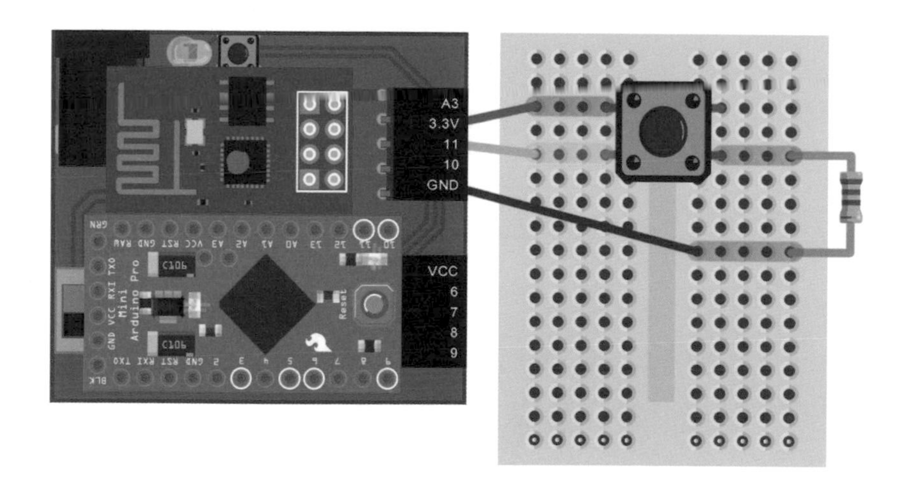

實際照片：

在比較複雜的接線完成後，就要來拖拉積木，先把開發板的積木放到畫面中，接著放入按鈕的積木，名稱命名為 button，腳位設定為 11。

擺入按鈕開關的點擊事件，由下拉選單可以選擇三種事件，分別是按下、放開及長按。

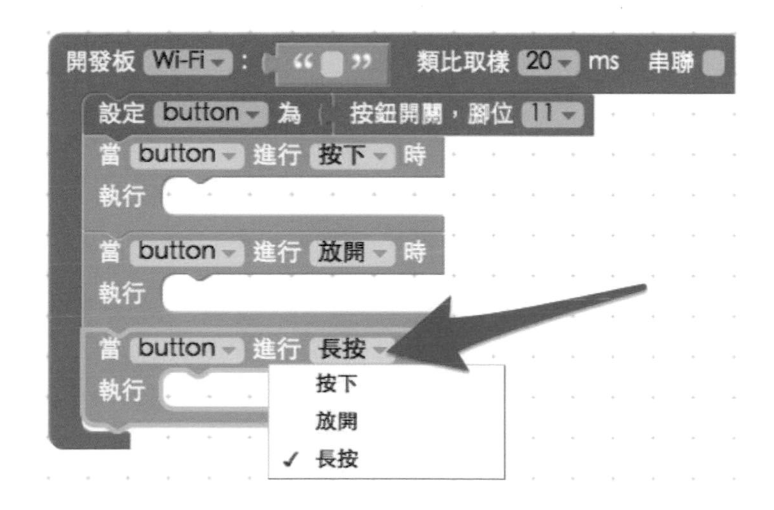

有了點擊開關的事件之後，就讓各個事件會顯示的對應文字在右邊的網頁裡，也就是會替換現在的 text 文字。

確認 Webduino 開發板上線之後，點選執行按鈕，接著點壓按鈕開關，就會看到 text 的文字改變了。

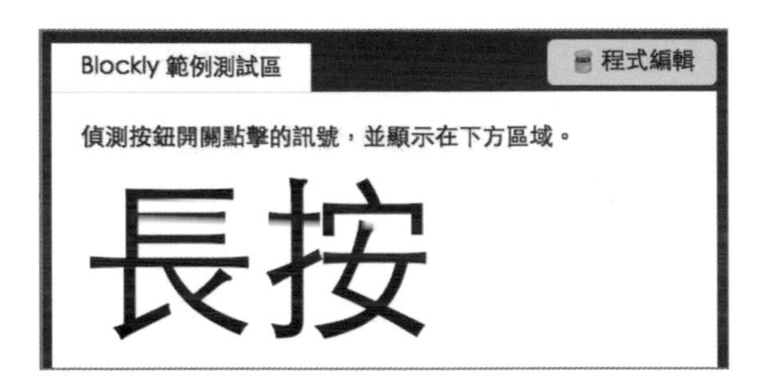

程式是使用了「pressed」、「released」和「longPress」三個行為，分別表示按下、放開和長按，即可將對應的行為寫在裡面，而 HTML 的部分只要放上一個 id 為 show 的 div 即可。如果要自行修改程式，可以將其複製起來，貼到「程式編輯」工具裡，就可以進行後續進階的編輯。

若要將程式要用在自己的網頁，必須載入 webduino-blockly.js 和 webduino-all.min.js 這兩支 JavaScript。

JavaScript 程式碼

```
var button;

boardReady('你的 device  名稱', function (board) {
  button = getButton(board, 10);
  button.on("pressed",function(){
    console.log("pressed");
      document.getElementById("show").innerHTML = "按下";

  });
  button.on("released",function(){
    console.log("released");
      document.getElementById("show").innerHTML = "放開";
```

```
  });
  button.on("longPress",function(){
    console.log("longPress");
      document.getElementById("show").innerHTML = "長按";

  });
});
```

11.2 點擊按鈕開關增加數字

練習網址 http://blockly.webduino.io/?page=tutorials/button-2

能夠改變文字還不夠，接下來要利用點擊按鈕開關，改成增加數字或讓數字歸零，實作的方式很簡單，只要我們在剛才「按下」的動作發生時，把數字加 1，在「長按」的動作發生時，把數字歸零。一開始先把開發板積木放到畫面中，擺上名為 button 的按鈕積木，腳位設定為 11，並且把現在右邊網頁的數字設為 0，為什麼要先把當前數字設為 0 呢？因為我們要把數字往上加，總得有個最初的數字基準，不然就會變成？+ 1 等於？的情形了。

再來就是放入按鈕的行為，這裡只要擺入「按下」和「長按」即可，在按下的時候，讓顯示的數字等於當前的數字加 1，長按的時候，讓當前的數字歸零。

確認 Webduino 開發板上線之後，點選執行按鈕，接著點壓按鈕開關，數字往上增加。

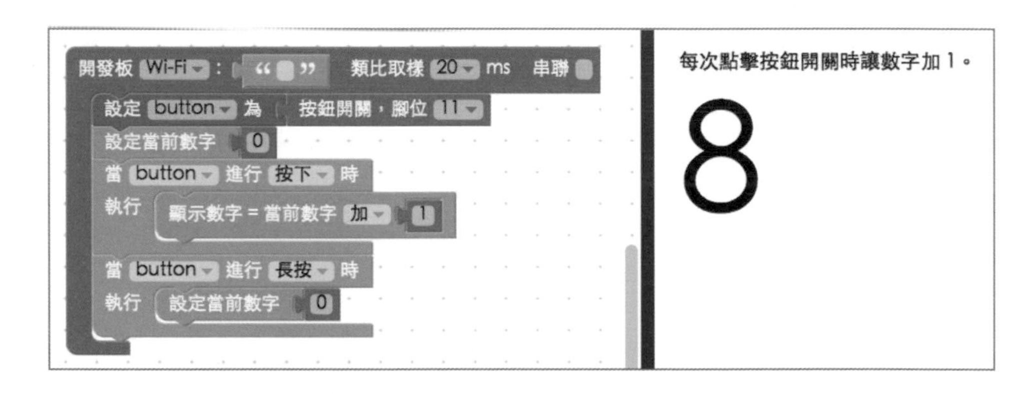

當然我們也可以去改變加減乘除或數字，就可以做出更多不同的變化。

程式的部分一開始我們用了一個 varString 來記錄最初的數值，接著再把這個數值轉換為數字（其實也可以直接宣告一個型別是數字的變數即可），然後就可以針對這個變數做數字加減乘除的設定。

JavaScript 程式碼

```
var button;

boardReady('你的 device 名稱', function (board) {
  button = getButton(board, 11);
  document.getElementById("show").innerHTML = 0;
  button.on("pressed",function(){
    console.log("pressed");
      var varString = document.getElementById("show").innerHTML;
    var varNumber = varString*1;
    varNumber = varNumber+1;
    document.getElementById("show").innerHTML = varNumber;

  });
  button.on("longPress",function(){
    console.log("longPress");
      document.getElementById("show").innerHTML = 0;

  });
});
```

11.3 點擊按鈕開關改變圖片位置

練習網址 http://blockly.webduino.io/?page=tutorials/button-3

能夠改變數字之後就可以拿這些數字來做應用，以這個例子來說，我們利用數字的變化，轉換為圖片的位置，就能夠讓圖片進行位移，積木的擺法一開始先放入開發板，再放入按鈕開關的積木，接著先放入圖片網址的積木，這樣就能填入自己想要的圖片網址來改變圖片（預設會放入一張按鈕的接線圖）。

開發板 Wi-Fi ： " " 類比取樣 20 ms 串聯
設定 button 為 按鈕開關，腳位 11
圖片網址 " https://webduino.io/img/tutorials/tutorial-09-02… "

接著同樣放入「按下」與「長按」事件的積木，在按下的時候改變圖片的位置，長按的時候重設圖片的位置。

開發板 Wi-Fi ： " " 類比取樣 20 ms 串聯
設定 button 為 按鈕開關，腳位 11
圖片網址 " https://webduino.io/img/tutorials/tutorial-09-02… "
當 button 進行 按下 時
執行 圖片往 下 移動 10 個像素
圖片往 右 移動 10 個像素
當 button 進行 長按 時
執行 重設圖片位置

圖片的位置可以設定上下左右的方向，並且可以設定移動的像素，這裡設定可以往右下移動。

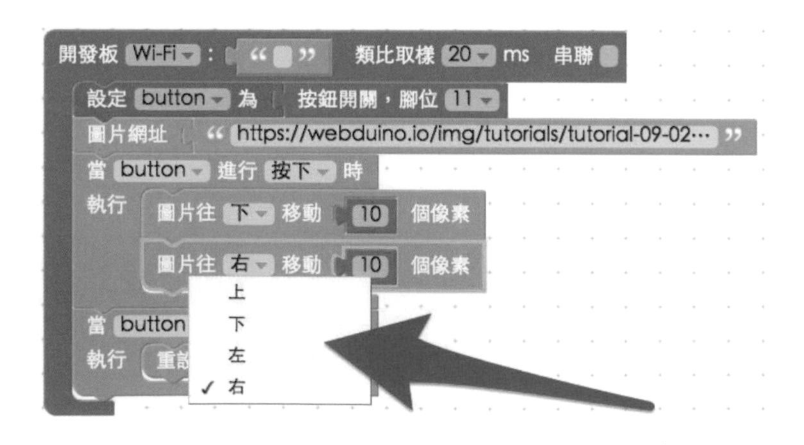

確認 Webduino 開發板上線之後，點選執行按鈕，接著點壓按鈕開關，就會看到圖片往右下角移動了。

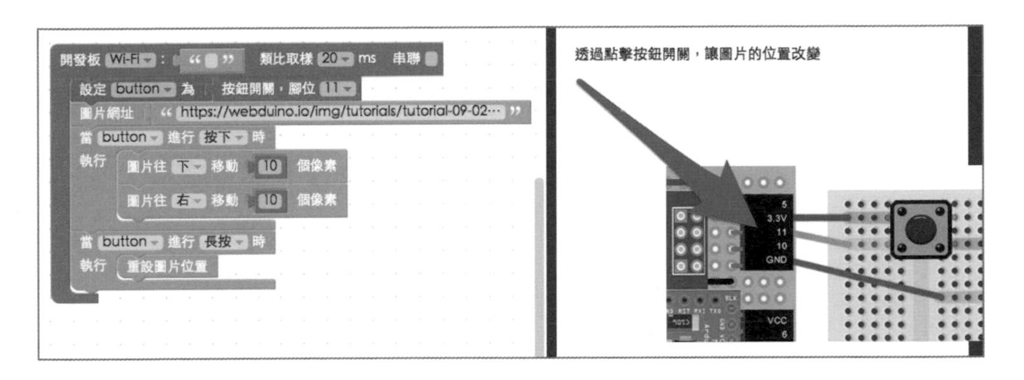

最後看看程式，我們同樣用一個變數來紀錄數字的改變（這裡使用一個 window 物件屬性來紀錄），然後利用 style.marginTop 和 style.marginLeft 來改變邊距，如果偏向正值就會往右或往下移動，如果偏向負值就會往左或往上移動，而 HTML 就是放入一張圖片而已，圖片的網址就是用 JavaScript 的 setAttribute 來改變。如果要自行修改程式，可以將其複製起來，貼到「程式編輯」工具裡，就可以進行後續進階的編輯。

Note

若要將程式要用在自己的網頁，必須載入 webduino-blockly.js 和 webduino-all.min.js 這兩支 JavaScript。

JavaScript 程式碼

```
var button;

boardReady('你的 device 名稱', function (board) {
  button = getButton(board, 11);
  document.getElementById("image").setAttribute("src",'https://webduino.io/img/
tutorials/tutorial-09-02.jpg');
  button.on("pressed",function(){
    console.log("pressed");
      if(!window.varImageUD){window.varImageUD = 0;}
```

```
    if(!window.varImageUp){window.varImageUp = 0;}
    if(!window.varImageDown){window.varImageDown = 0;}
    window.varImageDown = 10;
    window.varImageUD = window.varImageUD + (window.varImageDown - window.
varImageUp);
    document.getElementById("image").style.marginTop = varImageUD+"px";
    console.log(window.varImageUD);
    if(!window.varImageLR){window.varImageLR = 0;}
    if(!window.varImageLeft){window.varImageLeft = 0;}
    if(!window.varImageRight){window.varImageRight = 0;}
    window.varImageRight = 10;
    window.varImageLR = window.varImageLR + (window.varImageRight - window.
varImageLeft);
    document.getElementById("image").style.marginLeft = varImageLR+"px";
    console.log(window.varImageLR);

  });
  button.on("longPress",function(){
    console.log("longPress");
      document.getElementById("image").style.margin = "0 0 0 0";
    window.varImageUD=0;
    window.varImageLR=0;
  });
});
```

11.4 點擊按鈕開關玩賽跑小遊戲

練習網址 http://blockly.webduino.io/?page=tutorials/button-4

既然已經可以改變圖片，就可以做一個非常簡單的小遊戲了，但是因為要做遊戲需要用到非常多的邏輯判斷，所以在這個範例內，已經幫大家包裝好了一個遊戲模組，只要把模組放到積木裡，設定相關動作，就可以開始準備進行遊戲，內容除了設定角色，還可以設定電腦強度及比賽的距離。

開發板 Wi-Fi : “ ” 類比取樣 20 ms 串聯
設定 button 為 按鈕開關，腳位 10
載入 <單人> 遊戲模組
電腦角色 阿貓 電腦強度 超威 比賽距離 100
玩家角色 阿貓 按鈕 button
玩家按鈕行為設定

有了遊戲模組之後，就要來放入玩家按鈕開關的行為，可以選擇往前跑幾個像素。

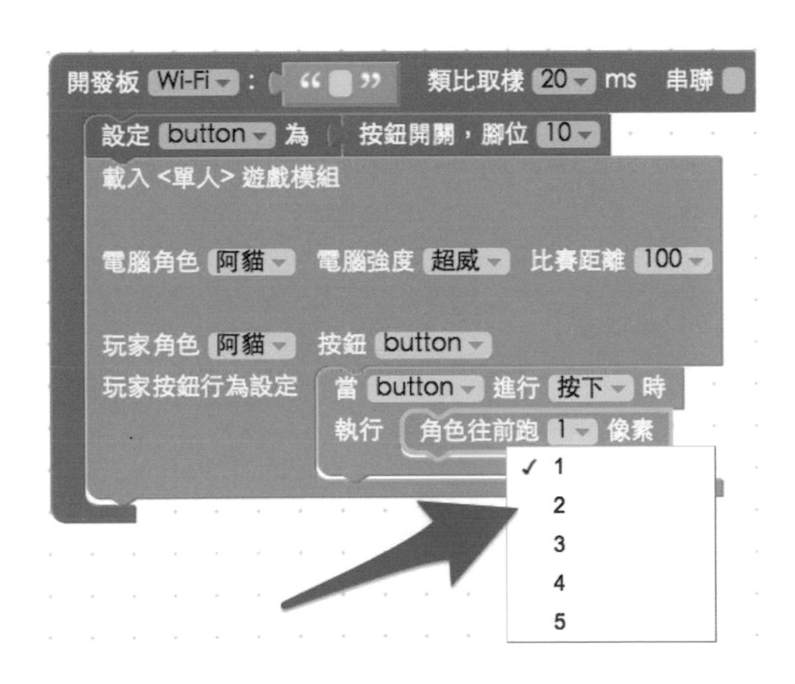

確認 Webduino 開發板上線之後，點選執行按鈕，就可以開始和電腦進行比賽了，如果覺得難度太高，就可以調整難度或是讓自己角色往前的像素增加一點，贏的時候會跳出「YOU WIN!!!!!」，輸的時候會跳出「GAME OVER!!!! YOU LOSE!!!!!」

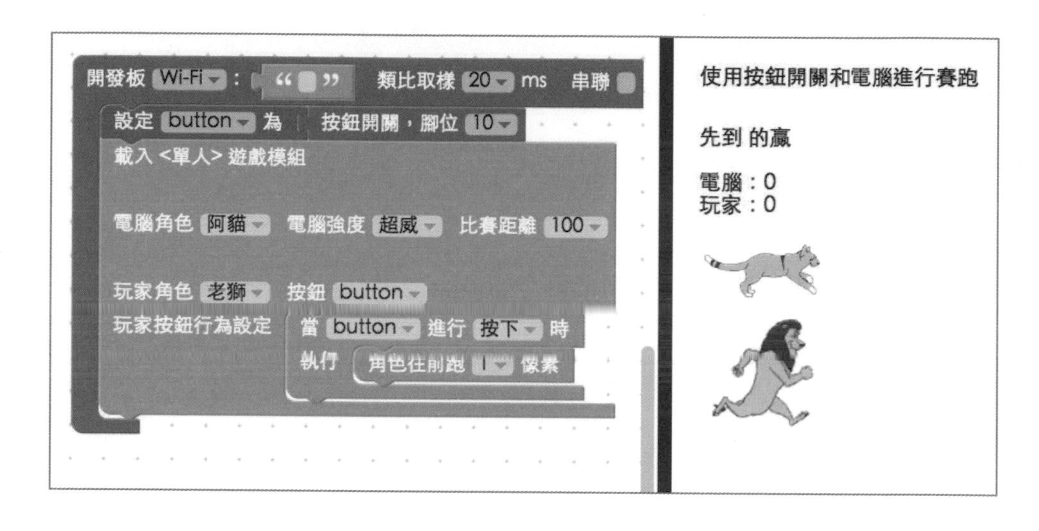

如果和電腦比賽一直無法勝利的話，可以用個投機取巧的做法，就是多放入一塊按鈕行為的積木，設定按下和放開時角色都會往前跑 5 個像素，如此一來我們進行一次按鈕的點壓事件時，角色就會往前跑 10 個像素了。

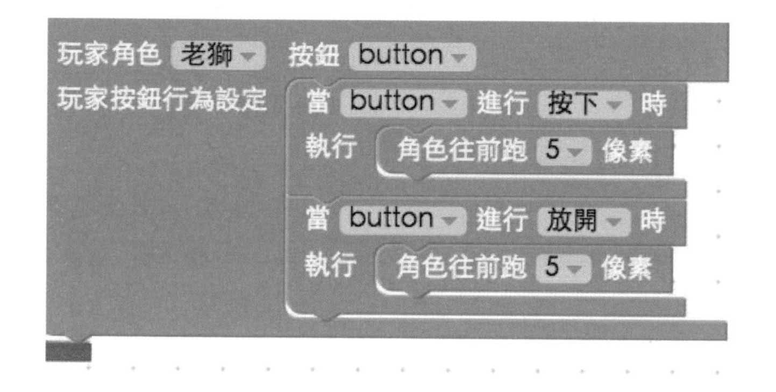

程式的部分比較複雜（因為載入遊戲模組的關係，所以在積木的結構比較簡單），我們這裡挑出重點解釋，有興趣的可以直接點選範例的 JavaScript 頁籤就可以看到程式如何撰寫，在一開始設定角色及難易度的部分都是用一個變數來記錄數值，btnGameDistance_ 是奔跑的距離，btnGameNpcSpeed_ 是電腦的速度 （超威是 5，超弱是 1），由於電腦的速度設定為每 120 毫秒（0.12 秒）會增加一次，所以如果是 5 的話基本上是很難贏過電腦的。

看到 HTML 的部分，放入了一顆網頁按鈕，一開始點選時遊戲就會開始，同時會把這顆按鈕隱藏起來，除了按鈕，也有一些說明文字和角色的圖片，數字的變換就是用之前變換數字的方法，圖片也是用之前介紹過改變圖片位置的做法進行的。如果要自行修改程式，可以將其複製起來，貼到「程式編輯」工具裡，就可以進行後續進階的編輯。

Note

若要將程式要用在自己的網頁，必須載入 webduino-blockly.js 和 webduino-all.min.js 這兩支 JavaScript。

HTML 程式碼

```
先到 <span id="goal"></span> 的贏
<br/><br/>
電腦：<span id="npcshow">0</span>
<br/>
玩家：<span id="usershow">0</span>
<br/>
<br/>
<div id="npc"><img id="npcimg" src="http://webduinoio.github.io/webduino-blockly/
media/tutorials/run-cat.gif"></div>
<div id="user"><img id="userimg" src="http://webduinoio.github.io/webduino-blockly/
media/tutorials/run-lion.gif"></div>
<button id="start" class="go">比賽開始</button>
```

CSS 程式碼

```
#start{
  font-size:30px;
  display:block;
  padding:10px;
  margin:10px auto;
}
#start.go{
  display:none;
}
#npc, #user{
  transition:.3s;
```

```
}
#npc img{
  width:100px;
  transform:scaleX(-1);
}
#user img{
  width:100px;
  transform:scaleX(-1);
}
```

12

Chapter

機器人的關節技

在許多 Maker 活動的場合，都會看到一些機器人的手或腳在運動，也常見到一些像是八爪蜘蛛的機器人爬行，這些機器人的關節，通常都是使用「伺服馬達」來運作，這篇將會介紹如何控制伺服馬達。

12.1 認識伺服馬達

練習網址 http://blockly.webduino.io/?page=tutorials/servo-1

伺服馬達的英文為 servo motor，servo 在拉丁文裡就是「僕人」的意思，也就是我們可以下指令，要馬達轉到幾度它就會轉到幾度，伺服馬達有三條線，咖啡色的是接負極（GND 或外接電源的正極），紅色是正極（接 VCC 或外接電源的正極），橘色的是訊號線，腳位接在 11。因為馬達需要的電流量較大，如果是使用 Webduino 馬克一號，建議使用外接電源，如果使用的是 UNO 擴充板，可以直接利用板子上的 5V 接孔（但是如果要接到兩台伺服馬達，還是建議用外接電源會比較穩定）。

接線示意圖：

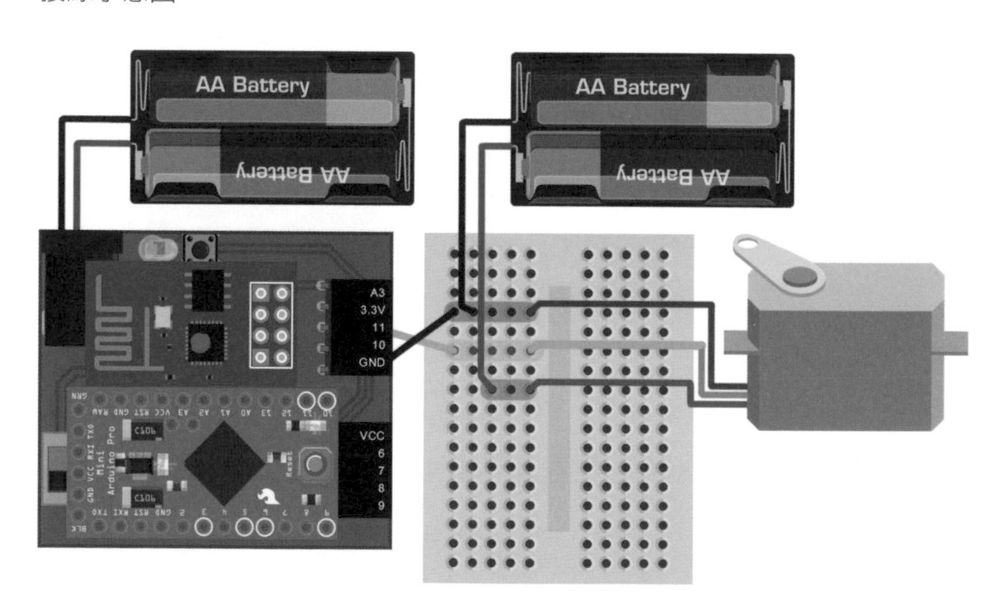

實際照片：

接線完成就可以來放置積木，一開始先放入開發板，接著放入一個名稱為 servo 的伺服馬達積木，腳位設定為 11。

在右邊的網頁裡有七顆按鈕，分別對應到伺服馬達旋轉的角度，這時候我們就用點選按鈕的積木，來設定點選每個按鈕的會觸發的事件，當點選左轉九十度時，就讓旋轉的角度轉 180 度（因為伺服馬達可旋轉的角度為 0 到 180 度），利用積木更可以清楚知道伺服馬達要轉向哪邊，點選角度的時候會彈出一個像時鐘的圓形，裡面紅色的長條就是現在伺服馬達要旋轉的方向。

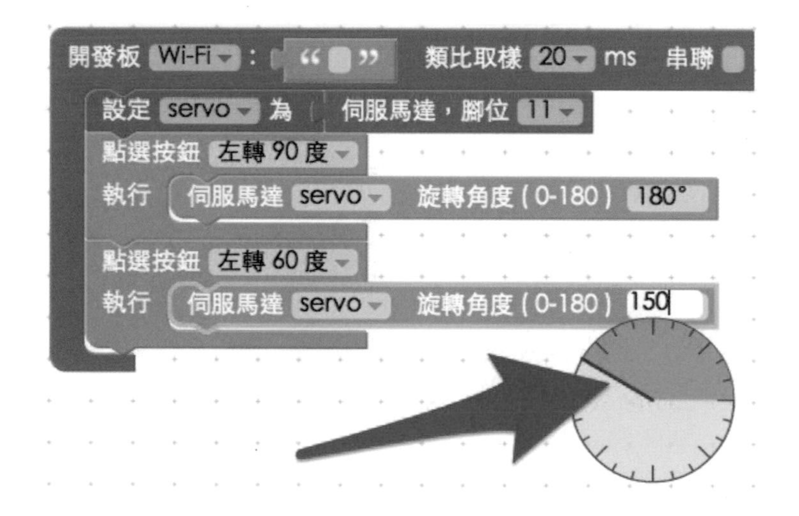

依此類推，我們就可以賦予七個網頁按鈕不同的行為，就可以控制伺服馬達七個旋轉的角度。

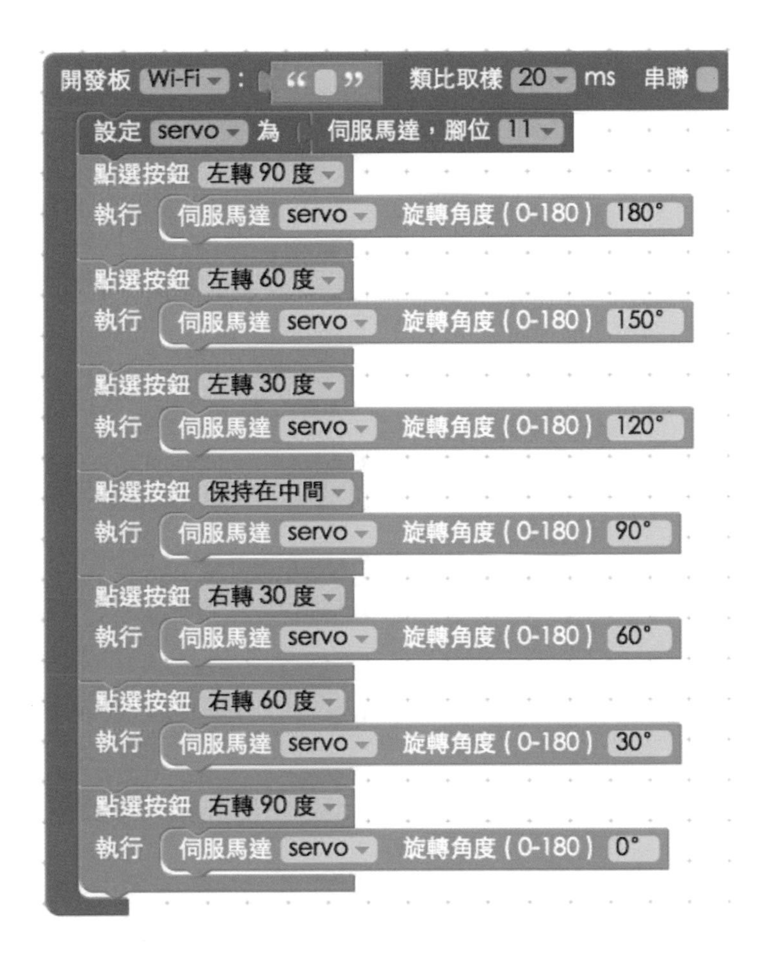

確認 Webduino 開發板上線之後，點選執行按鈕，接著點選右邊的網頁按鈕，就會看到伺服馬達旋轉到對應的角度了。

JavaScript 其實滿簡單的，就是利用 servo.angle 等於旋轉的角度即可，不過可以發現雖然旋轉到 180，但實際上只有 175，旋轉到零的時候實際上卻是 5，這是因為每個伺服馬達因為機械的結構，不會剛好是準確的 180 度，為了避免產生問題，在程式裡就不讓它真的從 0 轉到 180 度，而是從 5 轉到 175 度。

JavaScript 程式碼

```
var servo;

boardReady('你的 device 名稱', function (board) {
  servo = getServo(board, 11);
  document.getElementById("btnLeft90").addEventListener("click",function(){
    servo.angle = 175;

  });
  document.getElementById("btnLeft60").addEventListener("click",function(){
    servo.angle = 150;

  });
  document.getElementById("btnLeft30").addEventListener("click",function(){
    servo.angle = 120;

  });
  document.getElementById("btnCenter").addEventListener("click",function(){
    servo.angle = 90;
```

```
  });
  document.getElementById("btnRight30").addEventListener("click",function(){
    servo.angle = 60;

  });
  document.getElementById("btnRight60").addEventListener("click",function(){
    servo.angle = 30;

  });
  document.getElementById("btnRight90").addEventListener("click",function(){
    servo.angle = 5;

  });
});
```

HTML 程式碼

```
<button id="btnLeft90">左轉 90 度</button>
<button id="btnLeft60">左轉 60 度</button>
<button id="btnLeft30">左轉 30 度</button><br/>
<button id="btnCenter">保持在中間</button><br/>
<button id="btnRight30">右轉 30 度</button>
<button id="btnRight60">右轉 60 度</button>
<button id="btnRight90">右轉 90 度</button>
```

12.2 點擊按鈕開關控制伺服馬達旋轉角度

練習網址 http://blockly.webduino.io/?page=tutorials/servo-2

上一個章節我們學會了按鈕開關，在這個範例我們將要透過點壓按鈕開關，來控制伺服馬達的旋轉角度，每壓一下按鈕開關，伺服馬達就會五度十度的旋轉，當我們長按的時候，伺服馬達的旋轉角度就會歸零，因為多了一顆按鈕開關，所以接線要重新接，伺服馬達一樣用外接電源，腳位 11，按鈕開關的腳位接在 10，又因為 GND 只有一個，所以要用麵包板接在一起。

接線示意圖：

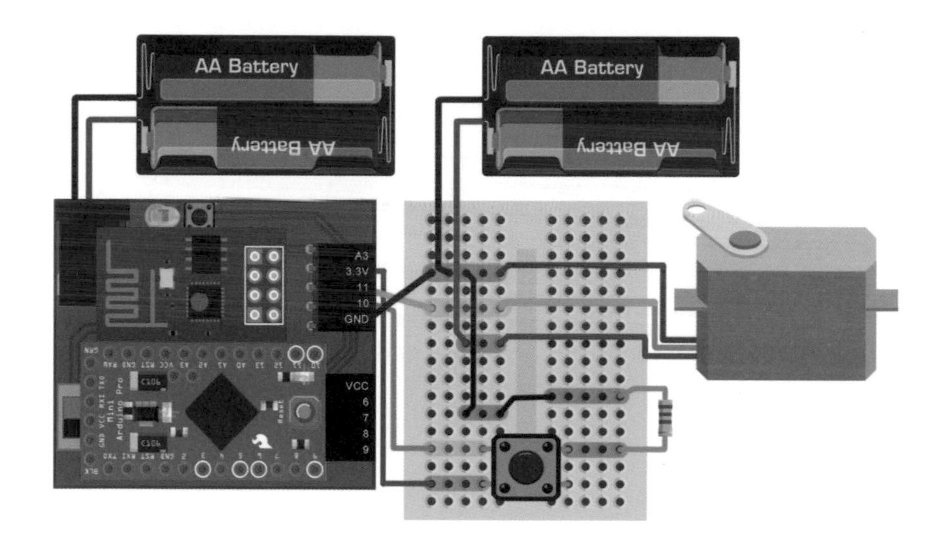
AA Battery
AA Battery
AA Battery
AA Battery
A3
3.3V
11
10
GND
VCC
6
7
8
9

實際照片：

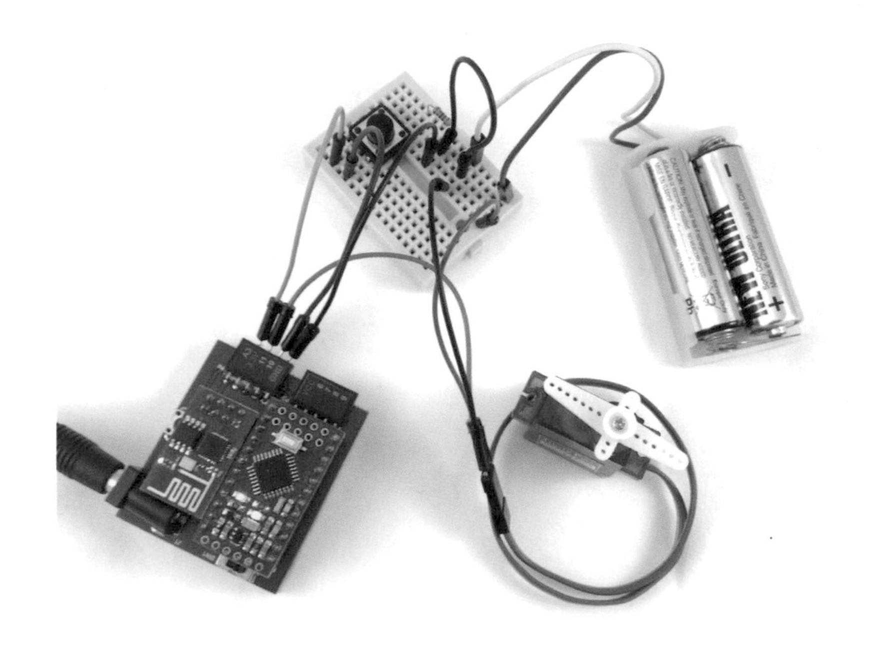

由於有兩個元件，積木也要擺入兩個，一個是按鈕，名稱訂為 button，腳位 10，另外一個是伺服馬達，名稱 servo，腳位 11。

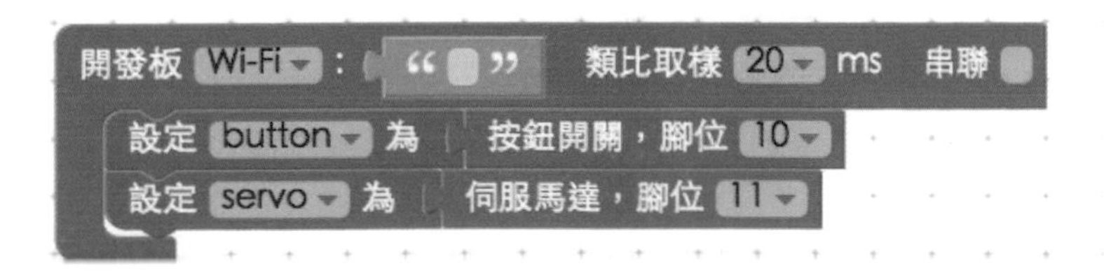

把顯示的角度設為 0，也把伺服馬達的角度設為 0。

設定按鈕「按下」的事件是讓伺服馬達的角度加 10 度，長按的時候就會把伺服馬達角度歸零，同時也會把顯示的數字歸零。

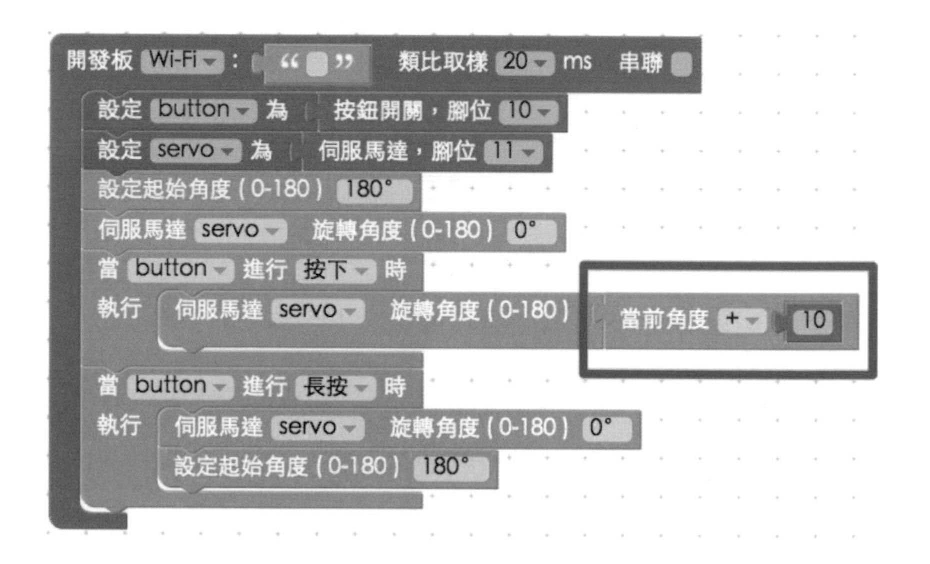

確認 Webduino 開發板上線之後，點選執行按鈕，接著開始點壓按鈕開關就會看到伺服馬達開始轉動，長按按鈕開關伺服馬達就會歸位。

JavaScript 用到了按鈕的 pressed 來改變角度，一開始同樣必須要用一個變數 varAngle 來記錄伺服馬達當下的角度，接著對這個變數加總，當 longPress 的時候就把角度歸零 顯示數字歸零，但為了避免伺服馬達轉不到 0 度，所以伺服馬達實際角度設為 5 度。

JavaScript 程式碼

```
var button;
var servo;

boardReady('你的 device 名稱', function (board) {
  button = getButton(board, 10);
  servo = getServo(board, 11);
  document.getElementById("show").innerHTML = 0;
  servo.angle = 5;
  button.on("pressed",function(){
    console.log("pressed");
      servo.angle = (function(){
      var varAngle = document.getElementById("show").innerHTML;
      varAngle =(varAngle* 1)  + 10;
      document.getElementById("show").innerHTML = varAngle;
      return varAngle;
    })();

  });
  button.on("longPress",function(){
    console.log("longPress");
      servo.angle = 5;
    document.getElementById("show").innerHTML = 0;

  });
});
```

MEMO

13

Chapter

光敏電阻與可變電阻

本章要介紹「善變」(善於變化) 的電阻，利用會變化的電阻值，來偵測光線的強弱以及旋轉的多寡。

13.1 認識光敏電阻與可變電阻

練習網址 http://blockly.webduino.io/?page=tutorials/photocell-1

光敏電阻是利用光電導效應的一種特殊的電阻，當有光線照射時，電阻內原本處於穩定狀態的電子受到激發，成為自由電子。所以光線越強，產生的自由電子也就越多，電阻就會越小，光敏電阻常見於一些夜燈中。

而可變電阻，雖然也是可以改變電阻值的電阻，但和光敏電阻卻不同，是透過機械和物理的原理讓電阻值改變，透過變化的電阻值，控制輸出訊號的強弱，常見的可變電阻有旋轉式（旋鈕）以及滑動式（混音器的滑桿）。

不過因為都是會變化的電阻值，因此在 Webduino 的線上編輯工具裡，就統一將其分類到「光敏 (可變) 電阻」的積木裡。

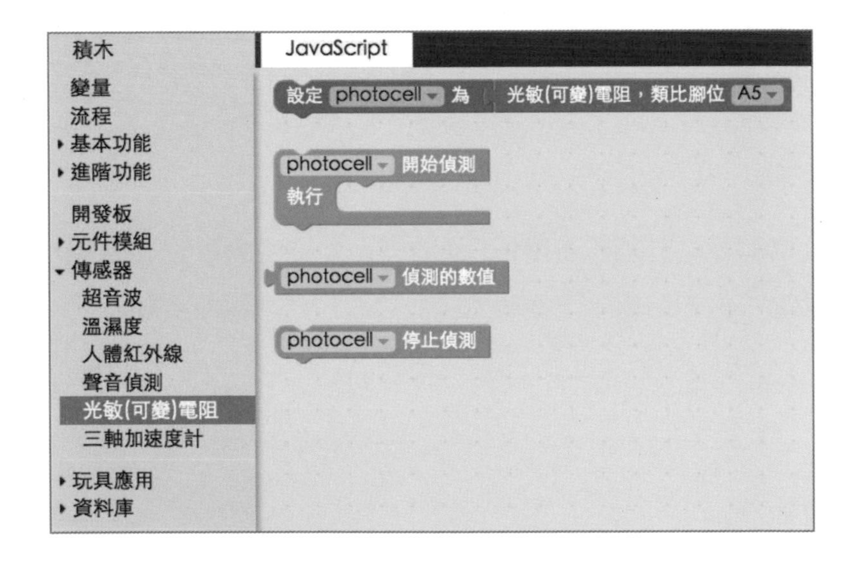

由於每個光敏或可變電阻的電阻值範圍不同，有些甚至會趨近於 0，因此在接線上必須要用一個普通電阻在線路裡頭，作為避免短路的「保護」，光敏電阻的訊號腳位會接在類比腳（A 開頭的腳位）。

可變電阻接線示意圖：

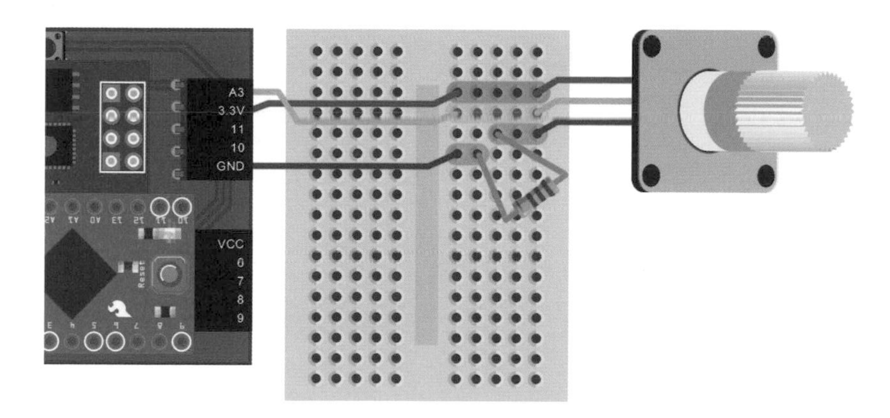

可變電阻實際照片：

光敏電阻接線示意圖：

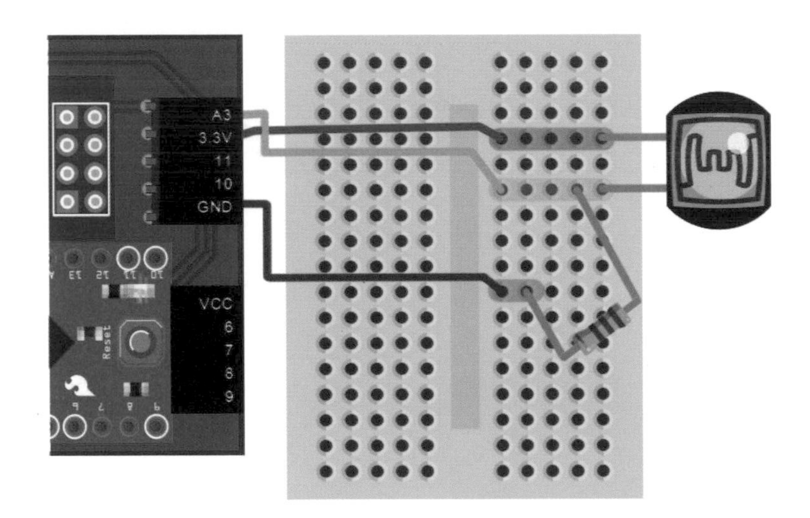

光敏電阻實際照片：

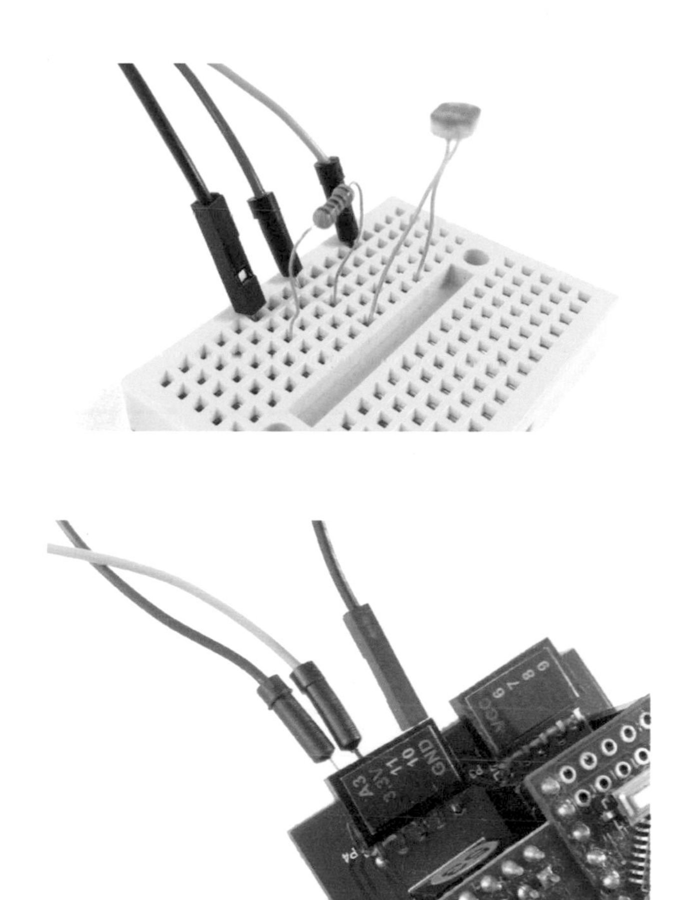

接線完成後就來利用程式積木實作，這裡選擇 A3 腳位，名稱為 photocell。

放入開始偵測的積木，只要開發板一上線，就會開始偵測。

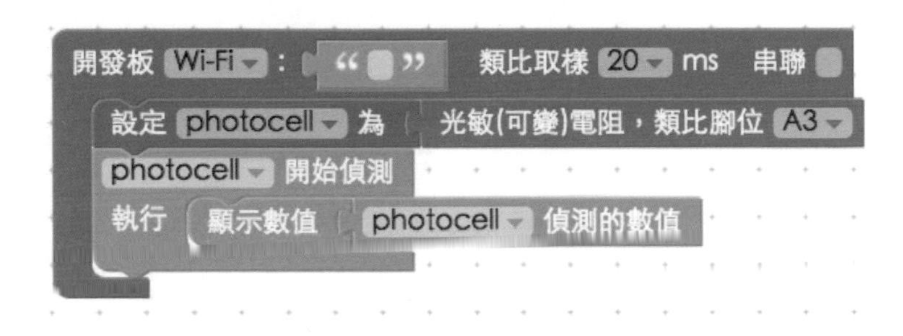

確認 Webduino 開發板上線之後，點選執行按鈕，接著點選右邊的網頁按鈕，就會看到一連串的數值出現在右邊的網頁裡（如果是光敏電阻，可以用手遮住光線看數值變化，如果是可變電阻，可以調整旋鈕看數值變化）。

如果覺得顯示的速度太快，可以透過開發板積木上頭的「類比取樣」，調整數值擷取的頻率。

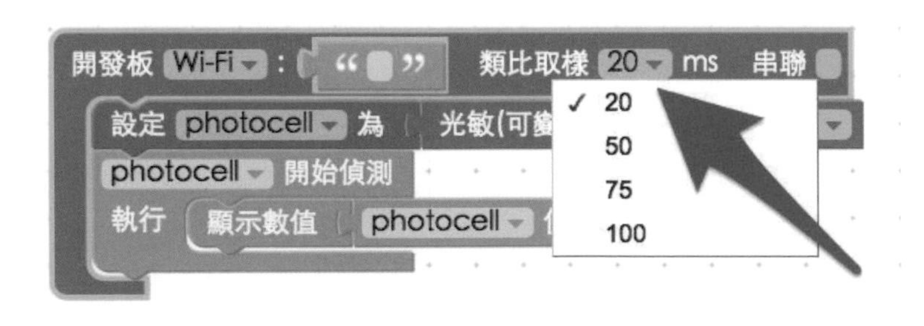

JavaScript 程式碼裡頭，用到的是 on 這個方法開始偵測；反之，如果要停止偵測，就改為使用 off 的方法即可。然而使用 on 這個方法，裡頭會包含一個 function，function 帶有一個參數 val，就是我們偵測到的數值。

 JavaScript 程式碼

```
var photocell;

boardReady('', function (board) {
  board.samplingInterval = 20;
  photocell = getPhotocell(board, 3);
  photocell.on(function(val){
    photocell.detectedVal = val;
    document.getElementById("show").innerHTML = photocell.detectedVal;
  });
});
```

13.2 用光敏電阻或可變電阻點亮 LED 燈

練習網址 http://blockly.webduino.io/?page=tutorials/photocell-2

當我們能夠獲取電阻變化的數值之後，就可以利用一點簡單的邏輯，來讓這些數值的變化點亮 LED 燈，因為要接 LED 燈的緣故，我們必須要使用外接麵包板。

Note

如果是使用馬克一號因為腳位不夠多，必須要用麵包板外接，如果使用 UNO 擴充版則可能不需要

可變電阻接線示意圖：

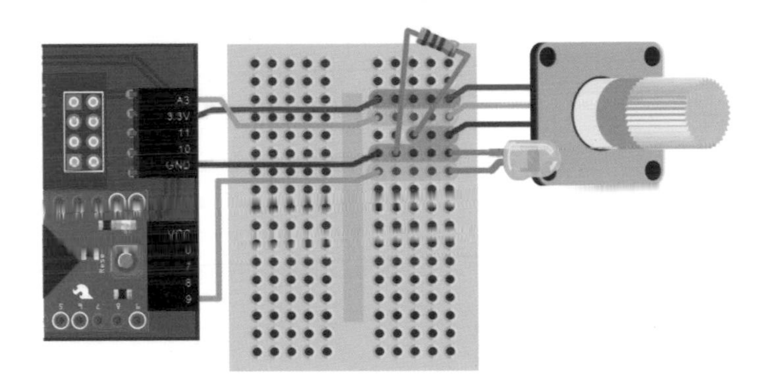

可變電阻實際照片：

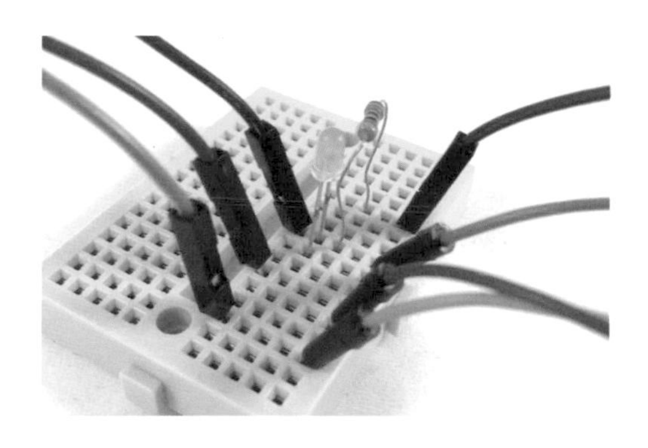

光敏電阻接線示意圖：

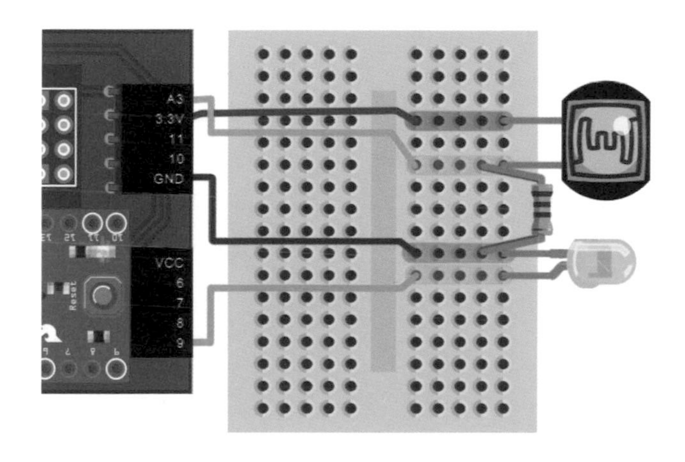

光敏電阻實際照片：

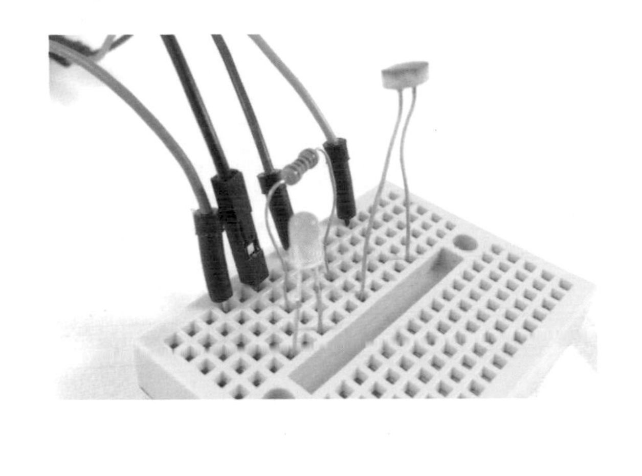

接線完成後，在開發板的積木裡放入 LED 燈以及光敏（可變）電阻的積木，LED 燈腳位 9，光敏（可變）電阻的腳位為 A3。

和剛剛的作法幾乎一樣，放入開始偵測的積木以顯示數值，接著就是放入邏輯的積木，第二個缺口使用「否則」的積木。

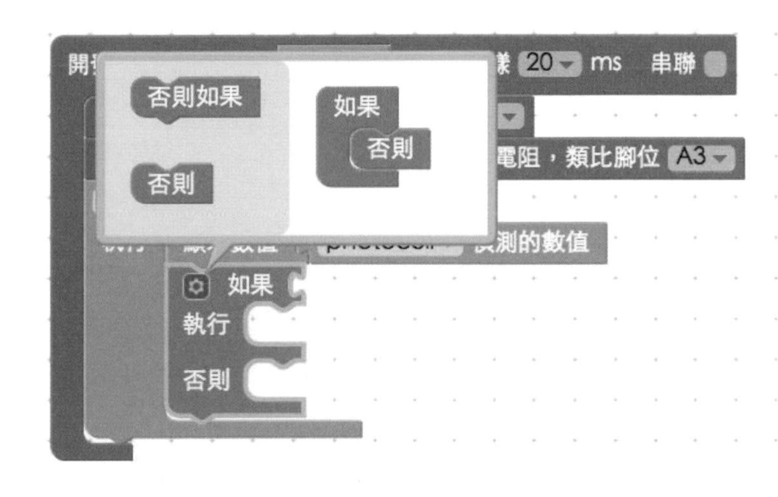

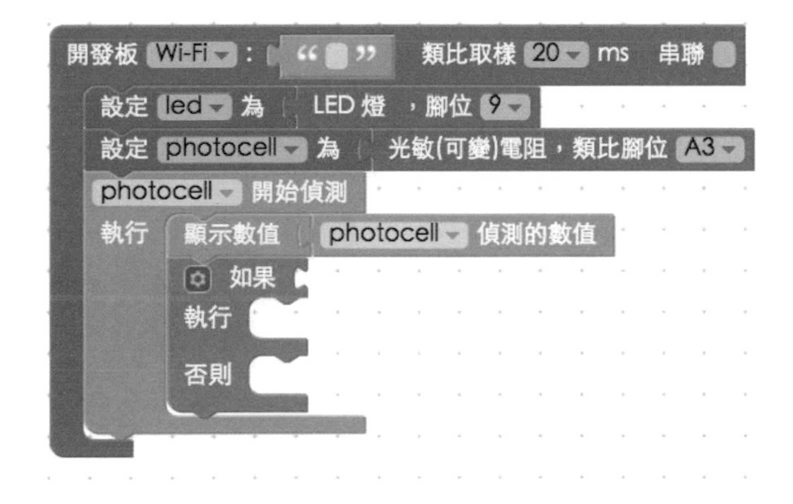

透過剛剛的數值變化，大概抓一個數值（範例使用 0.1），當偵測到的數值小於 0.1 就讓燈泡和 LED 都亮起來，大於 0.1 則都熄滅。

```
開發板 Wi-Fi : " " 類比取樣 20 ms 串聯
    設定 led 為 LED 燈 ，腳位 9
    設定 photocell 為 光敏(可變)電阻，類比腳位 A3
    photocell 開始偵測
    執行 顯示數值 photocell 偵測的數值
         如果 photocell 偵測的數值 < 0.1
         執行 led 設定狀態 on
              燈泡 on
         否則 led 設定狀態 off
              燈泡 off
```

確認 Webduino 開發板上線之後點選執行按鈕，接著點選右邊的網頁按鈕，就可以用手遮住光敏電阻，或調整可變電阻旋鈕，就可以看到 LED 燈被點亮了，當手放開或往另外一個方向調整旋鈕，就可以看到 LED 燈熄滅。

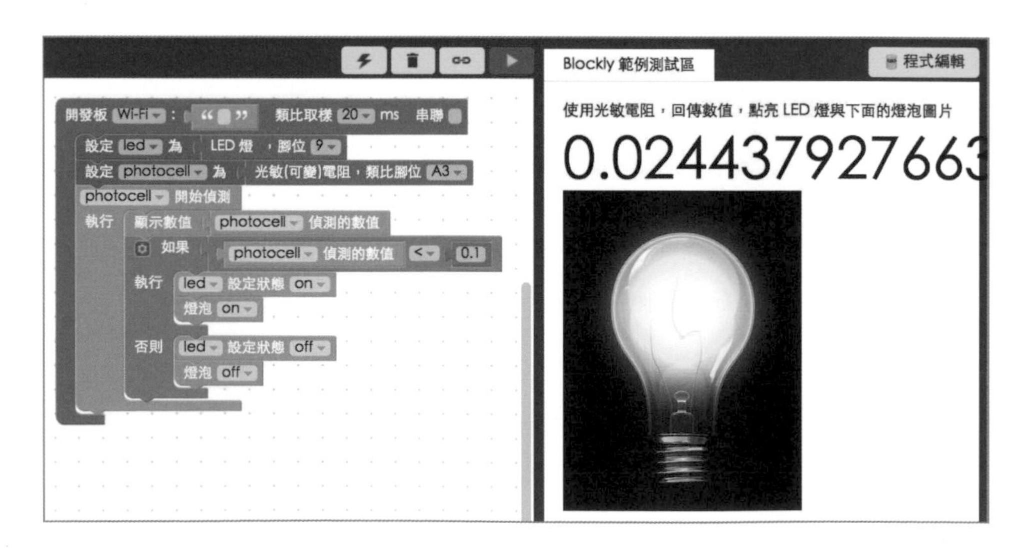

程式的部分其實都大同小異，就只是多了 if 和 else 的邏輯判斷，裡頭加入 led.on() 和 led.off() 控制 LED 燈的方法。

JavaScript 程式碼

```
var led;
var photocell;

boardReady('', function (board) {
  board.samplingInterval = 20;
  led = getLed(board, 9);
  photocell = getPhotocell(board, 3);
  photocell.on(function(val){
    photocell.detectedVal = val;
    document.getElementById("show").innerHTML = photocell.detectedVal;
    if (photocell.detectedVal < 0.1) {
      led.on();
      document.getElementById("light").setAttribute("class","on");
    } else {
      led.off();
      document.getElementById("light").setAttribute("class","off");
    }
  });
});
```

13.3 轉換光敏（可變）電阻數值

練習網址 http://blockly.webduino.io/?page=tutorials/photocell-3

由前面兩個練習，我們已經可以獲得電阻的變化數值，並用數值改控制 LED 燈，不過由於是類比的數值，所以會有一大堆小數點後的數值，況且根據不同的情況會需要不同範圍尺度的數值，因此，這裡就需要用到數值轉換的功能。

在這個練習裡，一樣使用點亮 LED 燈的範例來練習，只是我們不想要小數點後的一大堆數值，並且能把數值訂在「0 到 100 之間，小於 50，LED 就會亮，大於 50 LED 就會熄滅」

和前一個範例相同，在開發板內放入 LED 和光敏（可變） 電阻的積木，然後放入開始偵測的積木。

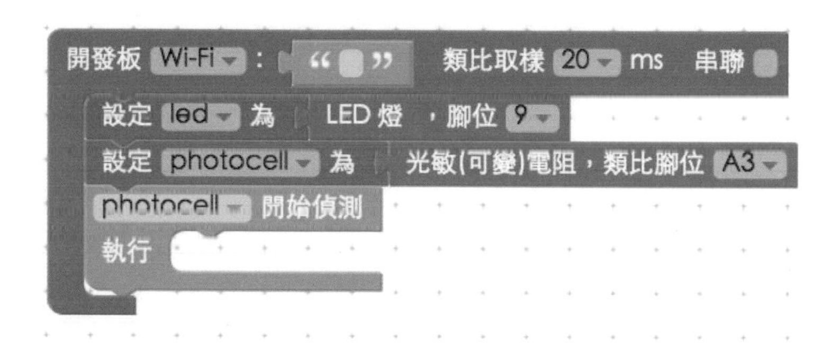

接下來的動作就是關鍵了，因為數值很多，所以我們用了「四捨五入」的積木取值到小數點兩位，然後在後面接上「尺度轉換」的積木，尺度轉換的積木有五個空格缺口，第一個缺口放入「需要轉換的數值」，也就是放入偵測到的數值，而原始的最小值與最大值，因為每個人所測得的數值都不太相同（環境、電子零件本身差異、電路接法 ... 等）必須要自己先偵測一次得到最大值最小值後填入，然後最後兩個缺口，就要放入轉換過後的最大值最小值範圍，如此一來，數值就會界於這個範圍之間。

因為有做轉換，所以這裡我們使用一個變數 a 來承接轉換過後的數值。

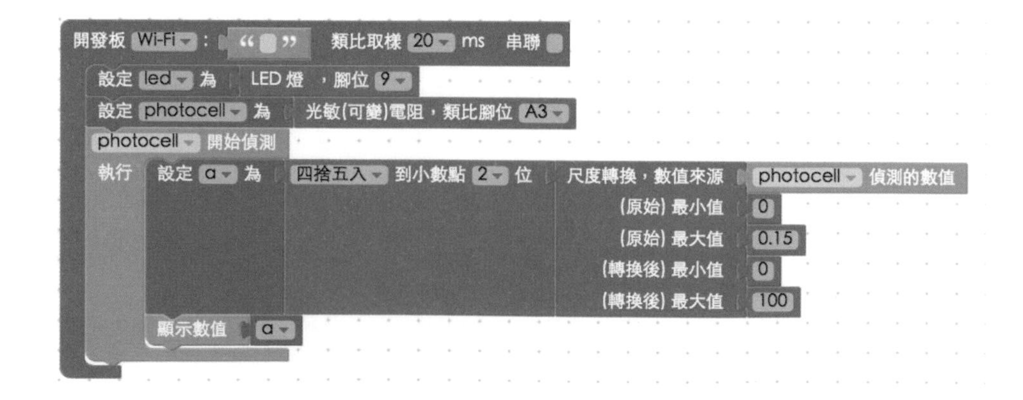

14

Chapter

千變萬化跑馬燈

本章要來利用 LED 點矩陣，來做出 8 x 8 的圖案，並且還能讓做出來動畫或是跑馬燈的效果展示。

14.1 認識 LED 點矩陣

練習網址 http://blockly.webduino.io/?page=tutorials/max7219-1

LED 點矩陣顧名思義，就是用許多 LED 燈所組成的元件，最常見到的就是在火車、公車 ... 等大眾運輸裡常見的文字跑馬燈，在這個單位裡頭將會使用 8 × 8 的 LED 點矩陣，型號為 MAX7219，因此可以做出 8 × 8 的圖形或是文字，MAX7219 LED 點矩陣有五支接腳，分別是 VCC、GND、D in（Dout）、CS（晶片選擇）和 CLK（時脈），D in、CS 和 CLK 接在數位腳即可。

LED 點矩陣接線示意圖：

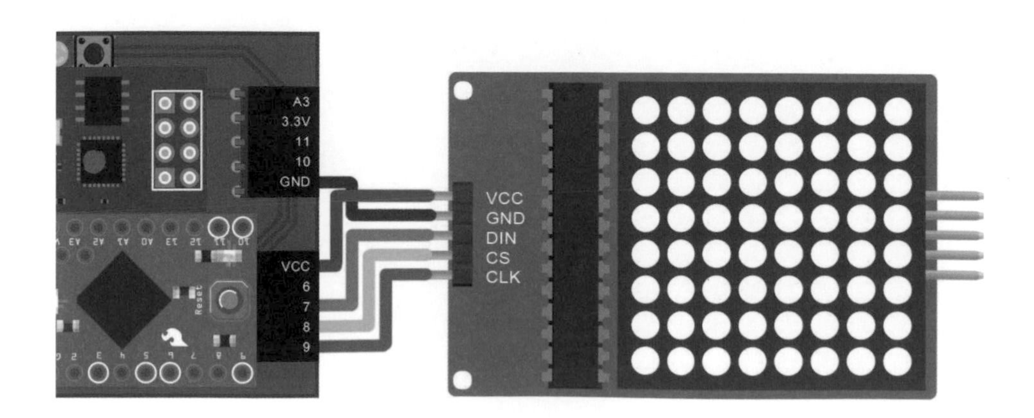

LED 點矩陣實際照片：

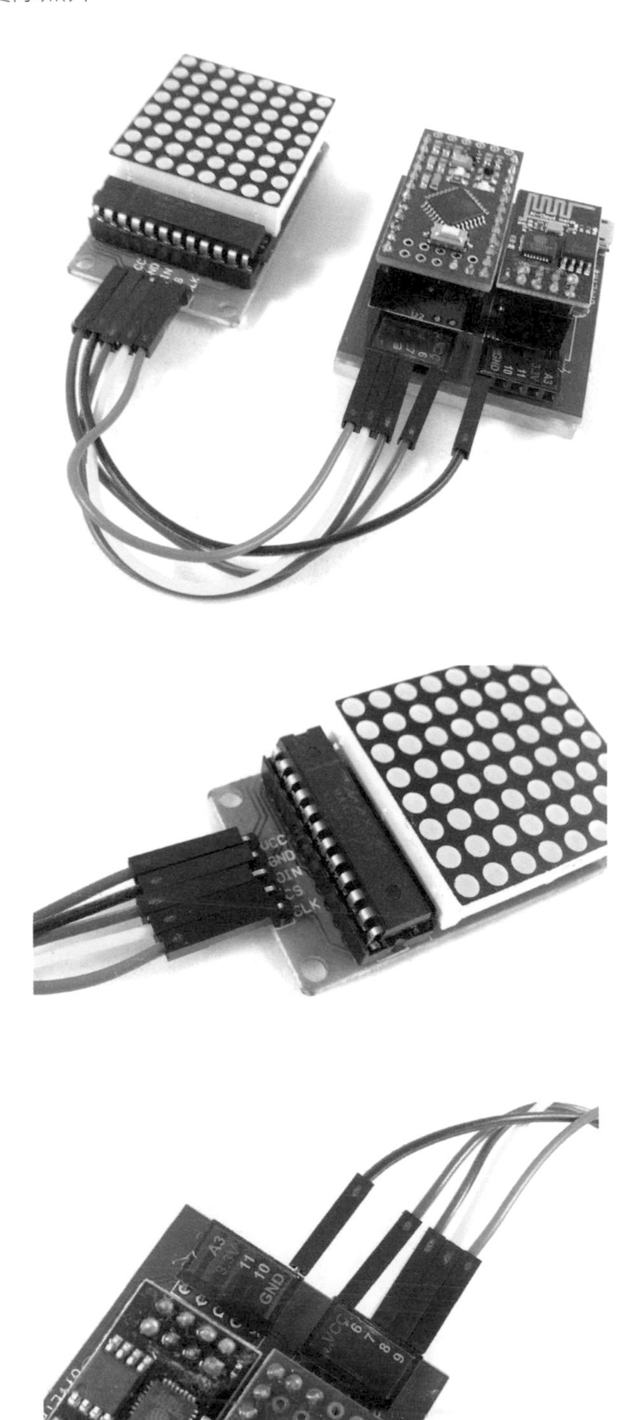

接線完成後就要來用 Webduino Blockly 工具做圖形，在開發板的積木裡放入 LED 點矩陣，D in 設定為 6，CS 設定 7，CLK 設定 8。

開發板 Wi-Fi : " " 類比取樣 20 ms 串聯
設定 matrix 為 LED 點矩陣 (Max7219) din 7 cs 8 clk 9

完成後就是要來繪製圖形，我們先把圖形代碼的積木放到畫面當中。

開發板 Wi-Fi : " " 類比取樣 20 ms 串聯
設定 matrix 為 LED 點矩陣 (Max7219) din 7 cs 8 clk 9
matrix 顯示圖形，圖形代碼 (十六進位，十六碼) " 1026464040462610 "

因為代碼是一連串十六進位的代碼，所以我們要打開另外一個代碼產生工具來把圖形轉變為代碼，工具只要在代碼的積木上頭按下滑鼠的「右鍵」，點選「說明」，就會開啟代碼產生工具的網頁。(或是直接開啟這個網址也可以：http://webduinoio.github.io/samples/content/max7219/genLED.html)

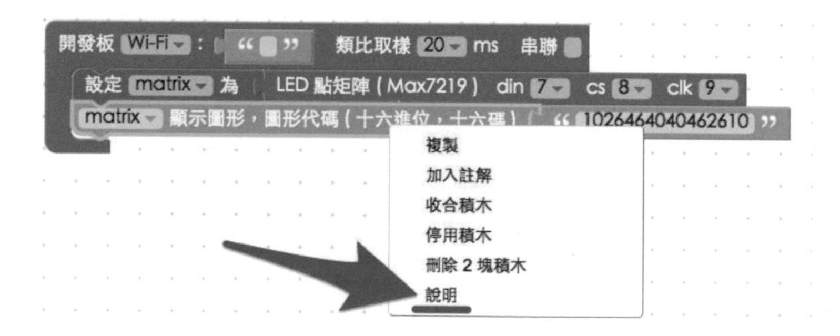

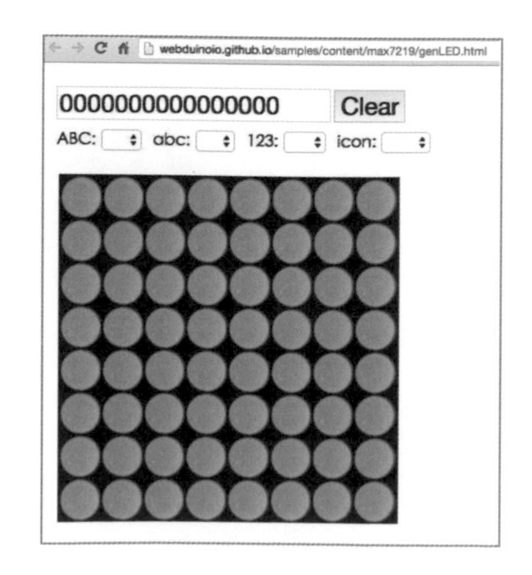

在代碼產生的網頁裡，除了可以快速選擇一些預設的圖案或文字，也可以自己手動點選擺在上面的 LED 點矩陣圖案來畫圖，畫完之後，將產生的代碼複製貼到代碼區域，就會產生相同的圖形。

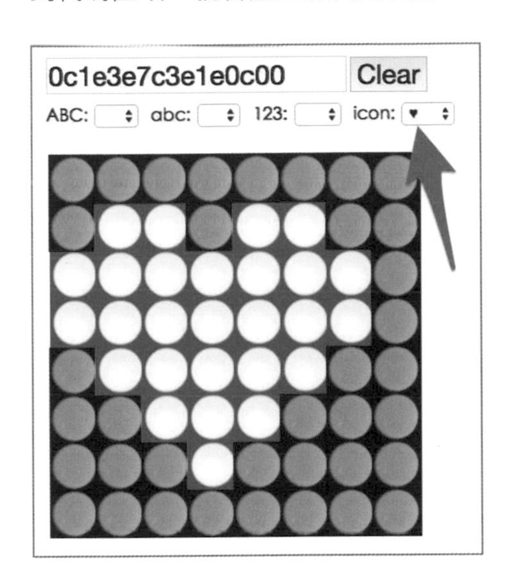

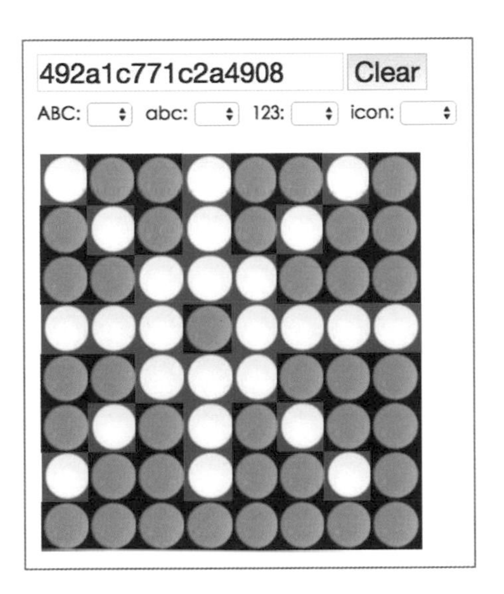

確認 Webduino 開發板上線之後，點選執行按鈕，就會 LED 點矩陣上頭顯示我們所做的圖形喔！

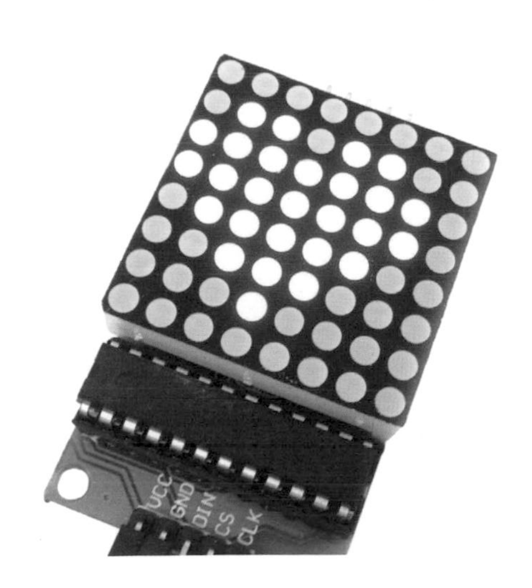

如果我們看程式碼，就會發現用了一個 on 的方法，裡面填入對應的代碼，就會產出對應的圖形。

JavaScript 程式碼

```
var matrix;

boardReady('', function (board) {
  board.samplingInterval = 20;
  matrix = getMax7219(board, 7, 8, 9);
  matrix.on('1026464040462610');
});
```

14.2 LED 點矩陣製作動畫

練習網址 http://blockly.webduino.io/?page=tutorials/max7219-2

已經會產生 LED 點矩陣圖案之後，下一步就是要用 LED 點矩陣來做動畫，動畫的原理基本上和 GIF 動畫大同小異，就是必須要有好幾張圖片，在不同的時間點播放不同的圖片，就會變成動畫，所以這裡我們會用到 LED 點矩陣做動畫的積木，可以看到每張圖片的切換時間，以及一個動畫代碼的列表，列表內的每個代碼就會在我們設定的時間內輪播。

確認 Webduino 開發板上線之後，點選執行按鈕，LED 點矩陣就會開始播放我們所設計的動畫！

至於程式是怎麼寫的呢？主要就是將一連串的代碼放在一個陣列裡面，然後使用 animate 這個方法來實現，方法裡頭第一個參數是陣列，第二個參數是時間（毫秒）。

JavaScript 程式碼

```
var matrix;

boardReady('', function (board) {
  board.samplingInterval = 20;
  matrix = getMax7219(board, 9, 10, 11);
  var varData = [
    '0000001818000000',
    '0000182424180000',
    '0018244242241800',
    '1824428181422418',
    '2442810000814224',
    '4281000000008142',
    '8100000000000081',
    '0000000000000000'
  ];
  matrix.animate(varData,100);
});
```

14.3 LED 點矩陣製作動畫

練習網址 http://blockly.webduino.io/?page=tutorials/max7219-3

跑馬燈的效果其實是剛剛做動畫的簡易版，畢竟跑馬燈就是往左跑或是往右跑而已，也因為比較簡易，所以在積木裡也不需要去填入太多的代碼，和做動畫的積木類似，跑馬燈也有一個時間，然後代碼只需要填入一組即可。

開發板 Wi-Fi : " " 類比取樣 20 ms 串聯
設定 matrix 為 LED 點矩陣 (Max7219) din 7 cs 8 clk 9
matrix 跑馬燈 向左 ，速度 (格/毫秒) 100
代碼 (最少十六碼) " 1026464040462610 "

在剛剛我們填入的圖形只有一個愛心，為了能有更多圖形在同一個跑馬燈內呈現，可以直接在後方加入其他的圖形代碼。(建議可以在每組代碼之間放入 00 的代碼，這表示一條直的黑線，可以作為不同圖形的分隔使用)

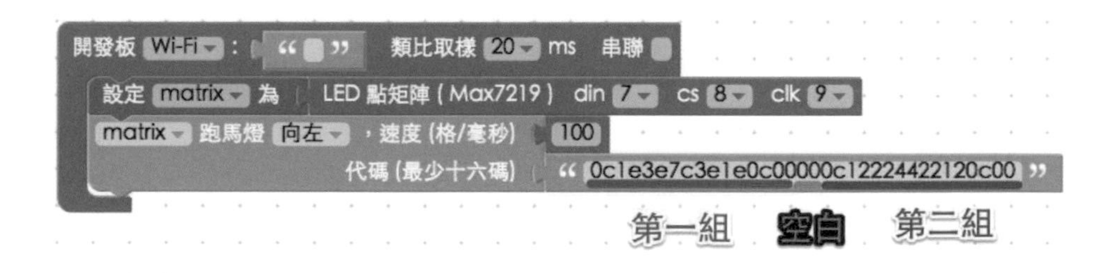

確認 Webduino 開發板上線之後，點選執行按鈕，LED 點矩陣就會播放跑馬燈動畫！

程式的部分就比較複雜了些，由於輸入是一串代碼，但是做動畫需要一組代碼的陣列，因此在程式裡把這串代碼拆成由代碼組成的陣列（因為每次輸入的代碼一定要是 16 碼）

JavaScript 程式碼

```
var matrix;

boardReady('', function (board) {
  board.samplingInterval = 20;
  matrix = getMax7219(board, 9, 10, 11);
  var a = '0c1e3e7c3e1e0c00000c12224422120c00';
  var b = a.split("");
  var d = [];
  for(var i=0; i<a.length/2; i++){
    aa(i);
  }
  function aa(j){
    var c=b.splice(0,2);
    b.push(c[0],c[1]);
    d[j] = b.join("");
  }
  console.log(d);
  matrix.animate(d,100);
});
```

14.4 點選按鈕切換點矩陣效果

練習網址 http://blockly.webduino.io/?page=tutorials/max7219-4

經過上面三個練習，應該已經掌握了 LED 點矩陣的相關技巧，再來我們使用網頁上的按鈕，點選不同按鈕的時候，就會出現不同的 LED 點矩陣效果，在右側的練習網頁裡，有五顆按鈕，分別是按鈕 1、2、3 、停止動畫與關閉，因此我們就要在積木裡設定這點選五顆按鈕時，分別會執行哪些動作。

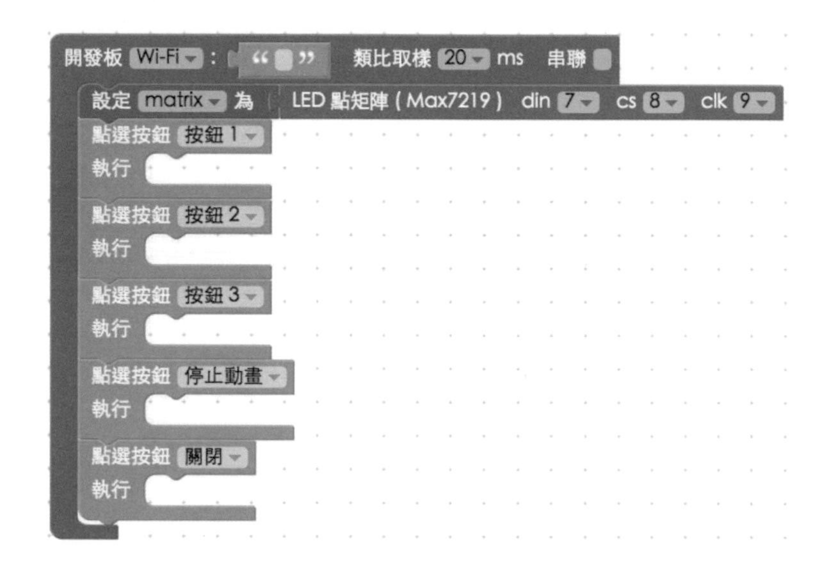

先看到按鈕 1 的動作，我們讓點選按鈕 1 的時候只會出現一個靜態的圖形，所以只需要放上顯示圖形的積木，不過為了避免切換時「動畫」沒有停止，所以在一開始先放上停止動畫的積木，再接著放上顯示圖形的積木。

再來設定按鈕 2 的動作，這裡放入動畫的積木，同樣一開始要先有停止動畫的積木。

點選按鈕 按鈕 2
執行 停止 matrix 動畫
matrix 顯示動畫，切換時間 (毫秒) 100
動畫代碼 (列表) 建立列表
" 0000001818000000 "
" 0000182424180000 "
" 0018244242241800 "
" 1824428181422418 "
" 2442810000814224 "
" 4281000000008142 "
" 8100000000000081 "
" 0000000000000000 "
點選按鈕 按鈕 3

點選按鈕 3 則是會出現跑馬燈動畫，同樣一開始要先有停止動畫的積木。

點選按鈕 按鈕 3
執行 停止 matrix 動畫
matrix 跑馬燈 向左，速度 (格/毫秒) 100
代碼 (最少十六碼) " 82f282fe92929200 "
點選按鈕 停止動畫

最後就是停止動畫以及將整個 LED 點矩陣關閉，如果是關閉就不需要有停止動畫的積木了，因為預設關閉就是將整個 LED 點矩陣關起來。

確認 Webduino 開發板上線之後，點選執行按鈕，接著點選右邊的網頁按鈕，就會看到 LED 點矩陣做不同圖案或動畫的變化囉！

程式其實就是將前面三個範例的程式整合起來，配合按鈕的 click 事件，就可以做出點選網頁按鈕切換的效果。

JavaScript 程式碼

```
var matrix;

boardReady('', function (board) {
  board.samplingInterval = 20;
  matrix = getMax7219(board, 9, 10, 11);
  document.getElementById("btn1").addEventListener("click",function(){
    matrix.animateStop();
    matrix.on('1026464040462610');

  });
  document.getElementById("btn2").addEventListener("click",function(){
    matrix.animateStop();
    var varData = ['0000001818000000', '0000182424180000', '0018244242241800',
'1824428181422418', '2442810000814224', '4281000000008142', '8100000000000081',
'0000000000000000'];
    matrix.animate(varData,100);

  });
  document.getElementById("btn3").addEventListener("click",function(){
    matrix.animateStop();
    var a = '82f282fe92929200';
    var b = a.split("");
    var d = [];
    for(var i=0; i<a.length/2; i++){
      aa(i);
    }
    function aa(j){
      var c=b.splice(0,2);
      b.push(c[0],c[1]);
      d[j] = b.join("");
    }
    console.log(d);
    matrix.animate(d,100);
```

```
    });
    document.getElementById("btnStop").addEventListener("click",function(){
      matrix.animateStop();

    });
    document.getElementById("btnOff").addEventListener("click",function(){
      matrix.off();

    });
});
```

因為每個按鈕都有指定 ID，所以在 HTML 裡頭也都要記得給按鈕加上 ID 識別。

HTML 程式碼

```
<button id="btn1">按鈕 1</button>
<button id="btn2">按鈕 2</button>
<button id="btn3">按鈕 3</button><br/>
<button id="btnStop">停止動畫</button>
<button id="btnOff">關閉</button>
```

MEMO

15

Chapter

三軸加速感應器

本在智慧手機普及的時代，時常會看見許多利用手機陀螺儀所製作的 APP，本章將介紹三軸加速度感應器，幫助我們做出類似的應用。

15.1 認識三軸加速度感應器

練習網址 http://blockly.webduino.io/?page=tutorials/adxl345-1

三軸加速度感應器是利用三個軸向移動的加速度，來算出旋轉的角度，本章使用的是 ADXL345 這個型號的三軸加速度感應器，ADXL345 可以選擇使用 I2C 或 SPI 協定來傳遞資料，而 Arduino 的類比腳使用 I2C，所以這裡我們會使用到的腳位是 GND、VCC、CS、SDA 和 SCL（ADXL345 Datasheet：http://goo.gl/t16BvW）。

VCC 接在 3.3V 的位置（電壓高於 3.6V 會導致晶片燒毀），GND 接 GND，CS 和 VCC 接在一起，把 CS 的電位拉高和 VCC 相同，目的在告訴晶片是走 I2C 的協定，IN1 和 IN2 是負責驅動中斷的兩個輸出引腳，在這邊實作的過程不會用到，所以不用接，SDO 屬於 SPI 協定使用因此在這個範例也用不到所以不用接。

因為要走 I2C 的協定，所以要在訊號端加入「上拉電阻」，在線路裡分別加入兩顆 10K 的電阻來作為上拉電阻（Arduino 官方網站建議使用 10K 的電阻作為上拉或下拉的電阻值），然而，因為 Webduino 是走 Arduino Firmata 的通訊協定，受限於型號「馬克一號」的容量限制，必須使用 Arduino UNO 和雲端擴充板搭配使用。

三軸加速度感應器示意圖：

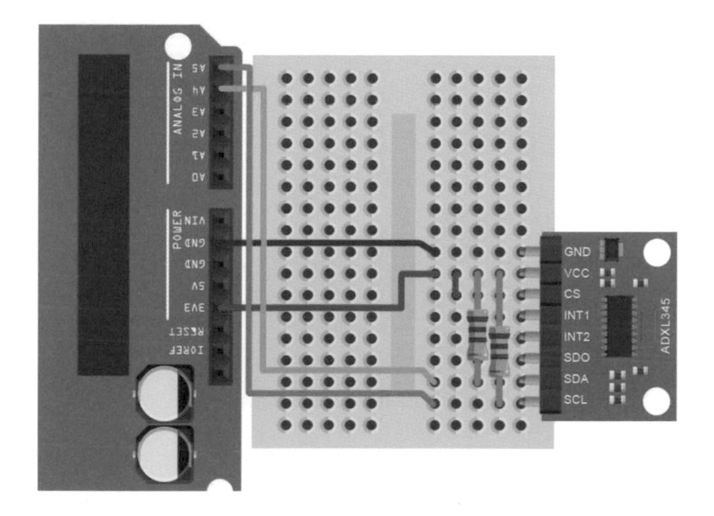

三軸加速度感應器實際照片：

接好線路後，把三軸加速度感應器的積木放到開發板的積木裡，腳位設定為 A4 和 A5。

開發板 Wi-Fi : " " 類比取樣 20 ms 串聯
設定 adxl 為 三軸加速度計，SDA A4 SCL A5

接著放入「開始偵測」的積木，並將偵測後的數值，顯示在右側對應的描述文字後方（x 顯示 x、y 顯示 y 、依此類推）。

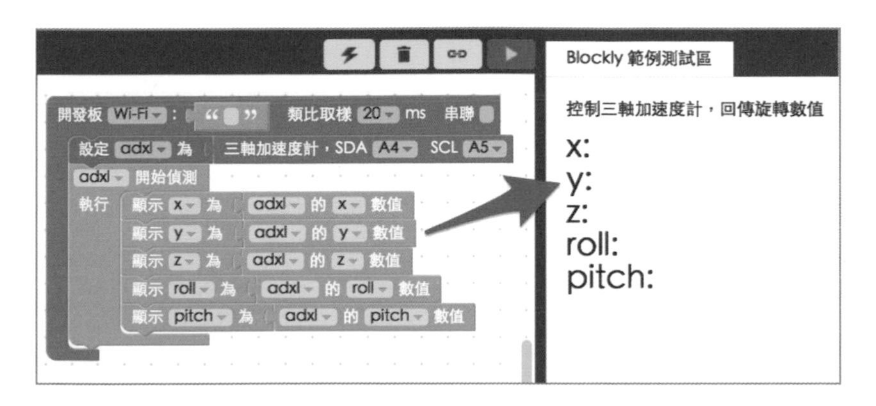

確認 Webduino 開發板上線之後，點選執行按鈕，開始旋轉三軸加速度感應器，就會看到數值開始變化了。

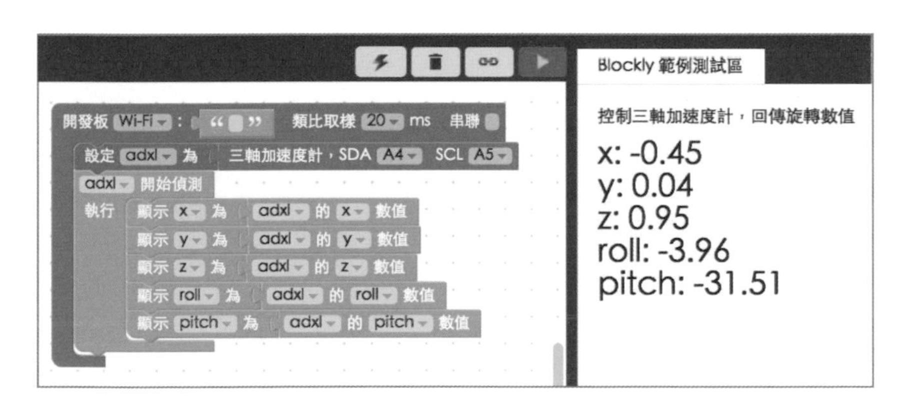

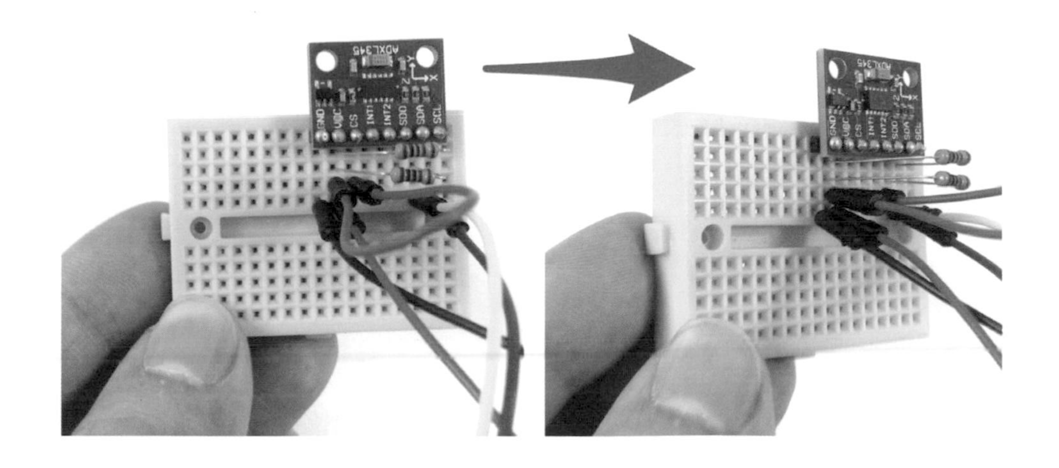

由程式碼可以看到，這裡使用了 on 的方法，裡面有一個回呼（callback）的函式，當中包含了五個參數，這五個參數分別就是 x、y、z、roll 和 pitch，接著只是使用 innerHTML 的方式顯示出來。

JavaScript 程式碼

```
var adxl;

boardReady('', function (board) {
  board.samplingInterval = 20;
  adxl = getADXL345(board);
  adxl.setSensitivity = 0;
  adxl.setBaseAxis = "x";
  adxl.on(function(_x,_y,_z,_r,_p){
    adxl._x = _x;
    adxl._y = _y;
    adxl._z = _z;
    adxl._r = _r;
    adxl._p = _p;
    document.getElementById("x").innerHTML = adxl._x;
    document.getElementById("y").innerHTML = adxl._y;
    document.getElementById("z").innerHTML = adxl._z;
    document.getElementById("r").innerHTML = adxl._r;
    document.getElementById("p").innerHTML = adxl._p;
  });
});
```

HTML 只是放上五個 span 來顯示這些數值。

HTML 程式碼

```
x: <span id="x"></span><br/>
y: <span id="y"></span><br/>
z: <span id="z"></span><br/>
roll: <span id="r"></span><br/>
pitch: <span id="p"></span><br/>
```

15.2 三軸加速度感應器旋轉圖片

練習網址 http://blockly.webduino.io/?page=tutorials/adxl345-2

會使用三軸加速度感應器之後，就要來用其旋轉的角度，控制網頁圖片的旋轉，程式積木基本的排列方式和剛剛相同，放入三軸加速度感應器的積木，腳位設定 A4 和 A5，放入「開始偵測」的積木，將數值顯示在對應的位置。

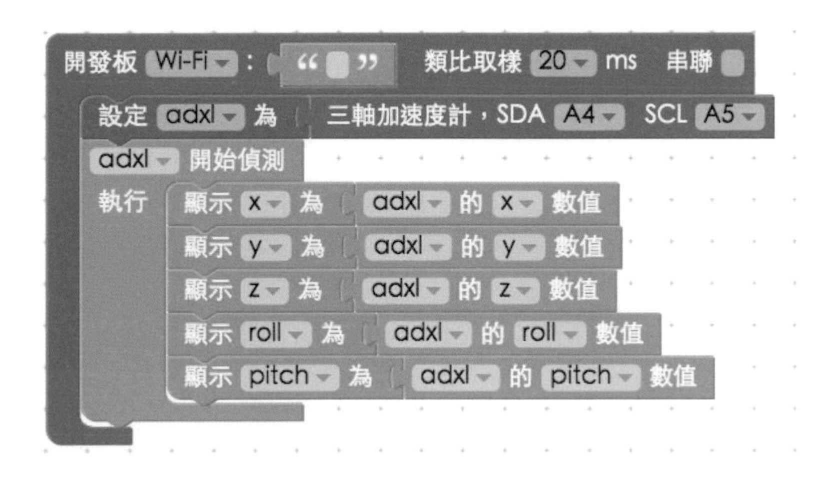

接著我們選定 pitch 作為圖片旋轉的角度，放入對應的積木。

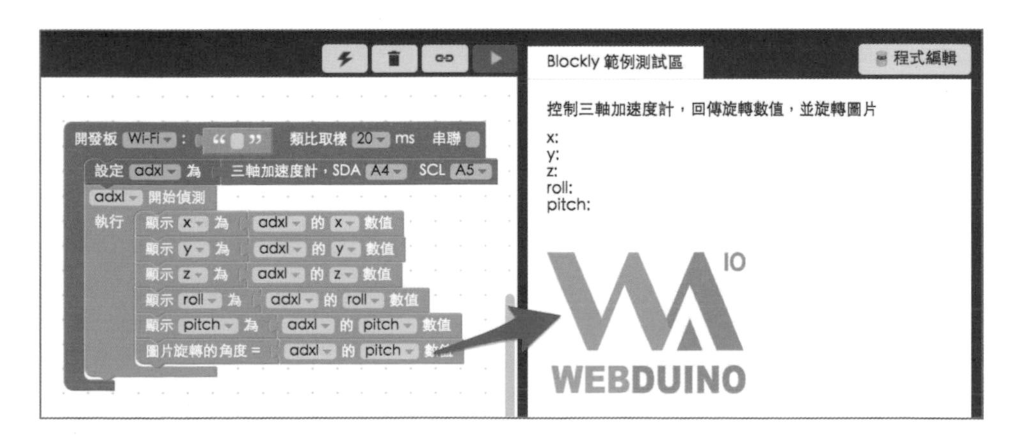

確認 Webduino 開發板上線之後，點選執行按鈕，開始旋轉三軸加速度感應器，就會看到數值開始變化，而且圖片開始旋轉。

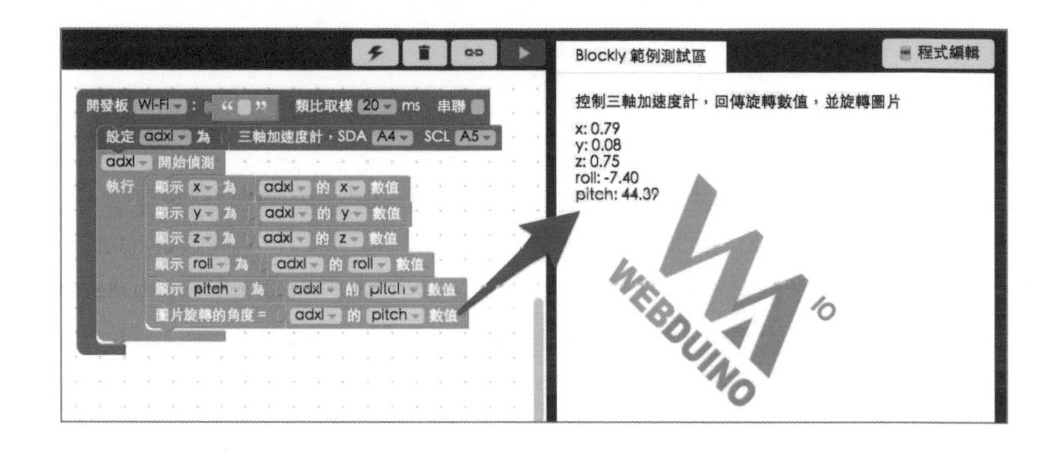

接著看看程式碼，其實與剛剛的大同小異，差別只多了一段改變圖片旋轉的角度而已。

JavaScript 程式碼

```
var adxl;

boardReady('', function (board) {
  board.samplingInterval = 20;
  adxl = getADXL345(board);
  adxl.setSensitivity = 0;
  adxl.setBaseAxis = "x";
  adxl.on(function(_x,_y,_z,_r,_p){
    adxl._x = _x;
    adxl._y = _y;
    adxl._z = _z;
    adxl._r = _r;
    adxl._p = _p;
    document.getElementById("x").innerHTML = adxl._x;
    document.getElementById("y").innerHTML = adxl._y;
    document.getElementById("z").innerHTML = adxl._z;
    document.getElementById("r").innerHTML = adxl._r;
    document.getElementById("p").innerHTML = adxl._p;
    document.getElementById("image").style.transform = "rotate("+adxl._p+"deg)";
  });
});
```

因為要使用 transofrm 這個 CSS 的屬性來改變圖片角度，所以在 CSS 的地方要做些設定，我們先用一個名為 box 的 div 把圖片包起來，box 的 position 設為 relative，如此一來圖片的 position 設定為 absolute 才不會跑掉，然後用 tansoform-origin 設定圖片旋轉的圓心即可。

HTML 程式碼

```
<div id="show">
x: <span id="x"></span><br/>
y: <span id="y"></span><br/>
z: <span id="z"></span><br/>
roll: <span id="r"></span><br/>
pitch: <span id="p"></span><br/>
</div>
  <div id="box">
  <img src="http://blockly.webduino.io/media/webduino-logo.jpg" id="image">
</div>
```

CSS 程式碼

```
#box{
  position:relative;
}
#image{
  position:absolute;
  top:0;
  left:0;
  width:200px;
  transform-origin:150px 150px;
}
#show{
  font-size:16px;
  margin-bottom:10px;
}
```

15.3 三軸加速度感應器點亮 LED 燈

練習網址 http://blockly.webduino.io/?page=tutorials/adxl345-3

當我們已經會利用三軸加速度感應器改變網頁圖片角度之後，再來就應用到電子零件上頭，在這個範例我們將會透過旋轉三軸加速度感應器，在某個角度可以點亮 LED 燈。

因為要用到 LED 燈，所以我們可以直接把 LED 燈接在 12 號腳位和 GND。

接線完成後就要來擺放程式積木，將三軸加速度感應器設定為 A4 和 A5，LED 則是腳位 12。

完成後就放入顯示對應數值的積木。

開發板 Wi-Fi ： " " 類比取樣 20 ms 串聯
設定 led 為 LED 燈 ，腳位 12
設定 adxl 為 三軸加速度計，SDA A4 SCL A5
adxl 開始偵測
執行 顯示 x 為 adxl 的 x 數值
顯示 y 為 adxl 的 y 數值
顯示 z 為 adxl 的 z 數值
顯示 roll 為 adxl 的 roll 數值
顯示 pitch 為 adxl 的 pitch 數值

最後就是放上邏輯積木，讓 pitch 數值大於 0 的時候 LED 會亮，同時右邊網頁的燈泡圖片也會發亮，確認 Webduino 開發板上線之後，點選執行按鈕，開始旋轉三軸加速度感應器，就會看到數值開始變化，並且 LED 燈就會被點亮。

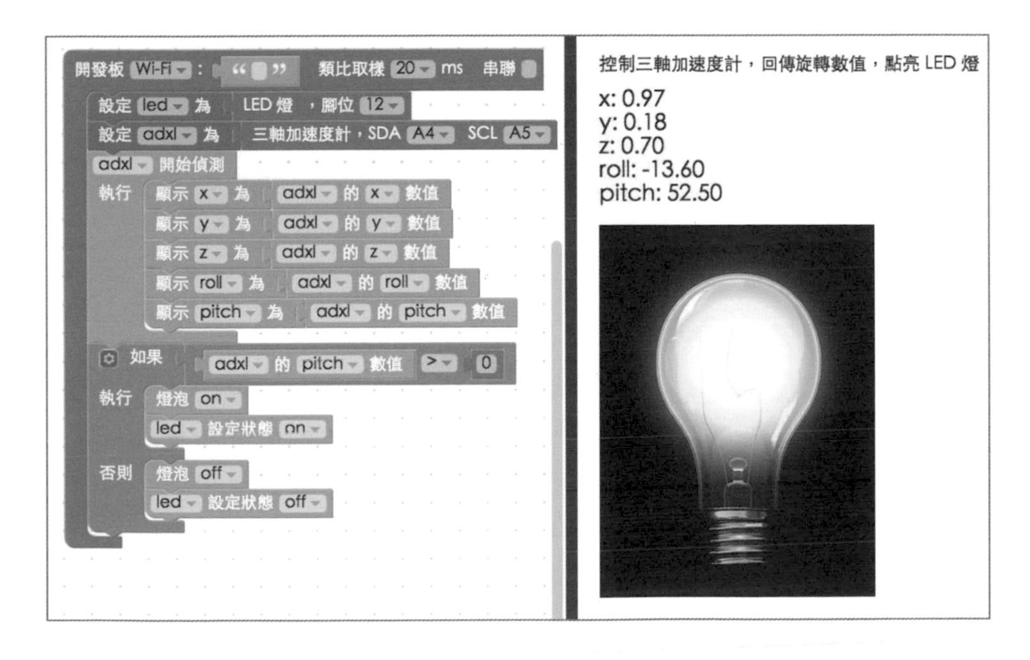

程式的部分和之前的大同小異，這裡就只列出邏輯的部份給大家參考。

JavaScript 程式碼

```
if (adxl._p > 0) {
    document.getElementById("light").setAttribute("class","on");
    led.on();
  } else {
    document.getElementById("light").setAttribute("class","off");
    led.off();
  }
```

16

Chapter

進擊的RFID

這個章節要來介紹常見於門禁卡、悠遊卡、磁扣 ... 等應用的 RFID，一起來做出專屬自己的 RFID 吧！

16.1 認識 RFID

練習網址 http://blockly.webduino.io/?page=tutorials/rfid-1

RFID 是 Radio Frequency IDentification 的縮寫，中文翻譯為「無線射頻辨識」，是一種常見的無線通訊技術，透過 RFID 識別裝置 (讀卡器) 所產生的「電磁場」，能讓附著在物品上的「電子標籤」獲得能量進而發送無線電頻率的訊號，RFID 在今日相當的普及，常見於庫存、資產、人員等的追蹤與管理，甚至許多的防偽、畜產管理也都有 RFID 的身影存在。

本範例所使用的 RFID 識別裝置的型號為 RC522，RC522 主要針對 13.56MHZ 的無線電頻率識別，工作電壓為 3.3V ，上頭共有八支接腳，分別是： SDA、SCK、MOSI、MISO、IRQ、GND、RST、VCC。

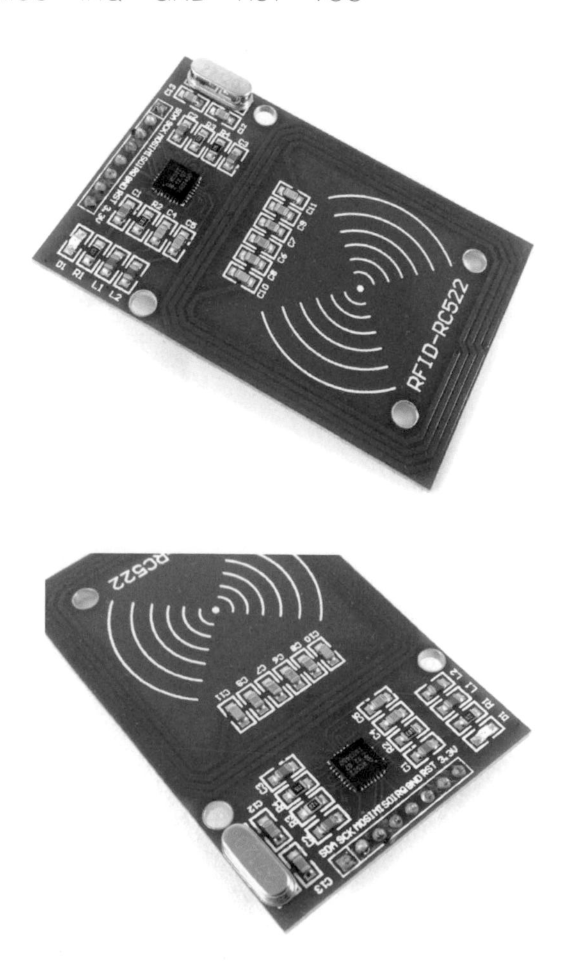

其中 SDA、SCK、MOSI、MISO 負責訊號的輸入和輸出，由於 Arduino UNO 本身的數位腳各自有各自的功能，13 對應 Serial Clock (SCK)，12 對應 Master-in slave-out (MISO)，11 是 Master-out slave-in (MOSI)，10 是 Slave select (SS)，因此我們將 SDA 接 10，SCK 接 13，MOSI 接 11，MISO 接 12。

IRQ 是中斷的腳位，RST 是重置的腳位，因為在本書的範例中不會用到，所以這裡就不需要接這兩個接腳，GND 接在 GND，VCC 接在 3.3V 的位置，此外因為腳位限制，所以在這個範例必須使用 Arudino UNO 和 Webduino UNO 雲端擴充板搭配進行。

接線示意圖：

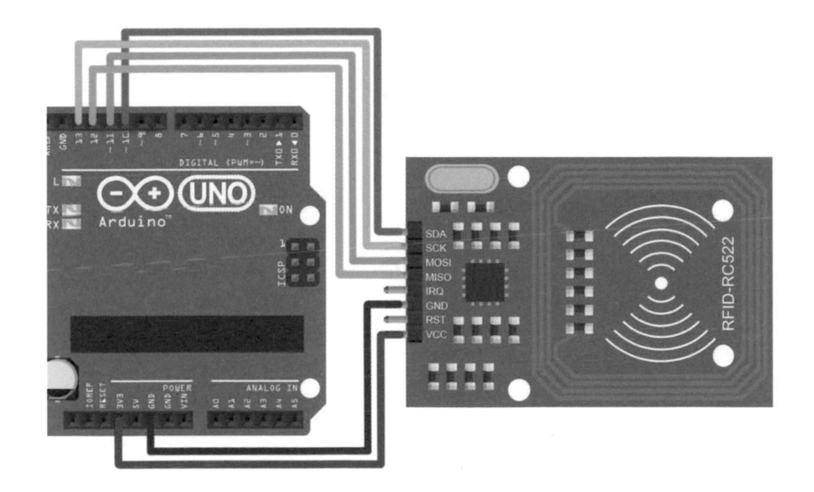

實際照片：

因為 RFID 扣除 GND 和 VCC，有四個腳位需要接線，因此在 RFID 的程式積木有四個腳位要接，由於 Arduino 預設都只有一個接腳可以給 RFID 使用，所以這裡腳位就直接按照數字接線即可。

開發板 Wi-Fi : " " 類比取樣 20 ms 串聯
設定 rfid 為 RFID，SDA 10 SCK 13 MOSI 11 MISO 12

然後利用「偵測到訊號」的積木，這表示當我們把感應卡或磁扣，放到讀卡機的範圍內，偵測到訊號之後，就會做哪些事情，而這裡我們把偵測到的代碼顯示在右邊的網頁裡（每一張 RFID 卡片或磁扣，會有一組固定的 uid，預設都將先讀到這組代碼）。

開發板 Wi-Fi：“ ” 類比取樣 20 ms 串聯
設定 rfid 為 RFID，SDA 10 SCK 13 MOSI 11 MISO 12
rfid 偵測到訊號
執行 顯示 RFID 代碼 rfid 所偵測到的代碼

當開發板上線之後，點擊執行按鈕，將感應卡或磁扣靠近讀卡機，就會看到畫面上出現一組代碼了。

更換不同的感應卡或磁扣，偵測並顯示 RFID 的代碼

61E6942B

看到程式碼，就會發現用法很簡單，就是用了一個 on enter 的事件，這表示當感應卡或磁扣靠近，當然還有一個 on leave 的事件，對應到感應卡或磁扣離開，而我們註冊這個事件之後，在裡面的函式就可以讀到 uid 了。

JavaScript 程式碼

```
var rfid;

boardReady('4vPV', function (board) {
  board.samplingInterval = 20;
  rfid = getRFID(board);
  rfid.read();
  rfid.on("enter",function(_uid){
    rfid._uid = _uid;
    document.getElementById("show").innerHTML = rfid._uid;
  });
});
```

16.2 RFID 紅綠燈

練習網址 http://blockly.webduino.io/?page=tutorials/rfid-2

從上一個練習中，我們已經了解 RFID 的運作原理。第二個練習要來嘗試用不同的 RFID 磁扣，切換三色 LED 燈的顏色，因為要用到三色 LED，所以必須要用麵包板接線 (因為三色 LED 也是使用 3.3V，然而 Arduino UNO 只有一個 3.3V 的腳位)。

接線示意圖：

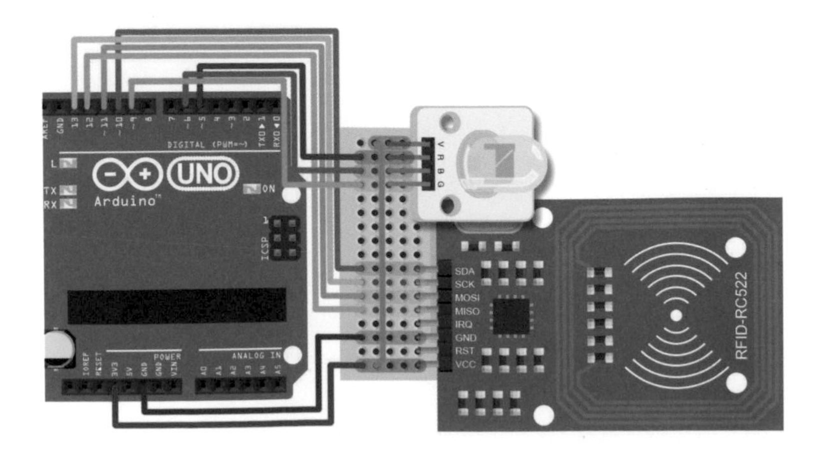

```
開發板 Wi-Fi : " "   類比取樣 20 ms   串聯
  設定 rfid 為 RFID，SDA 10  SCK 13  MOSI 11  MISO 12
  設定 rgbled 為 三色 LED 紅 5 綠 9 藍 6
  rgbled 設定顏色
  rfid 偵測到訊號
  執行  顯示 RFID 代碼 rfid 所偵測到的代碼
  如果 rfid 偵測到的代碼為 " E1472700 "
  執行  rgbled 設定顏色
  如果 rfid 偵測到的代碼為 " 61E6942B "
  執行  rgbled 設定顏色
  如果 rfid 偵測到的代碼為 " C116952B "
  執行  rgbled 設定顏色
  如果 rfid 偵測到的代碼為 " AEC7D5E5 "
  執行  rgbled 設定顏色
```

當開發板上線之後，點擊執行按鈕，將不同的感應卡或磁扣靠近讀卡機，就會看到三色 LED 燈的顏色開始切換了。

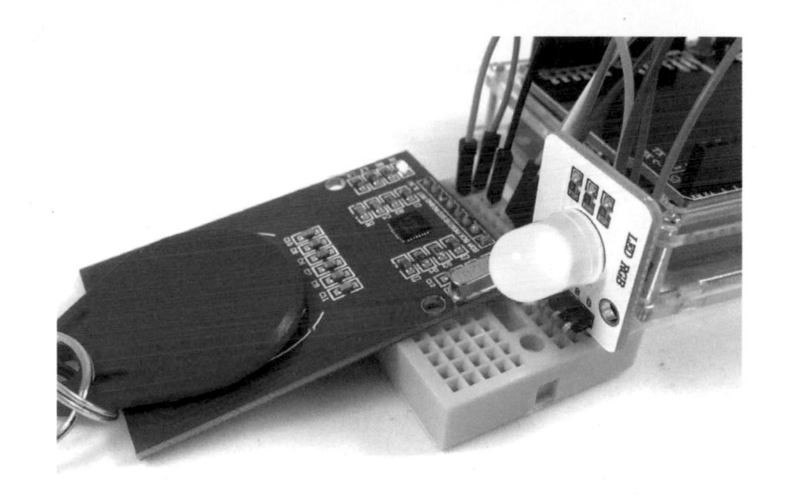

如果看到程式碼，就會發現只是非常簡單的 if 在做判斷，沒有太高深的學問在裡頭。

JavaScript 程式碼

```
var rfid;
var rgbled;

boardReady('', function (board) {
  board.samplingInterval = 20;
  rfid = getRFID(board);
  rgbled = getRGBLed(board, 5, 9, 6);
  rgbled.setColor('#000000');
  rfid.read();
  rfid.on("enter",function(_uid){
    rfid._uid = _uid;
    document.getElementById("show").innerHTML = rfid._uid;
  });
  if(rfid._uid == 'E1472700'){
    rgbled.setColor('#ff0000');
  }
  if(rfid._uid == '61E6942B'){
    rgbled.setColor('#3333ff');
  }
  if(rfid._uid == 'C116952B'){
```

```
    rgbled.setColor('#009900');
  }
  if(rfid._uid == 'AEC7D5E5'){
    rgbled.setColor('#000000');
  }
});
```

16.3 RFID 控制 Youtube

練習網址 http://blockly.webduino.io/?page=tutorials/rfid-3

能夠控制三色 LED 燈還不稀奇，這個範例我們將要來控制 Youtube，不僅可以切換影片，更可以控制音量、播放速度，首先除了 RFID 的程式積木，還要放入 Youtube 的程式積木，屆時 Youtube 影片將會出現在右邊的網頁裡，而每段 Youtube 的影片都會有一個影片 ID，這個影片 ID 可以直接在影片的網址列取得 (v= 後面接的那一串代碼就是)

開發板 Wi-Fi : " " 類比取樣 20 ms 串聯
設定 rfid 為 RFID，SDA 10 SCK 13 MOSI 11 MISO 12
載入 Youtube 模組 youtube 預設的影片 id : eo82koP4sDk

完成後跟剛剛控制顏色差不多的做法，先獲得每個感應卡或磁扣的代碼，然後用不同的代碼來控制 Youtube 的播放速度，播放速度可以用控制速度的程式積木來實現，有「慢」、「正常」、「快」、「很快」和「超級快」五種速度。

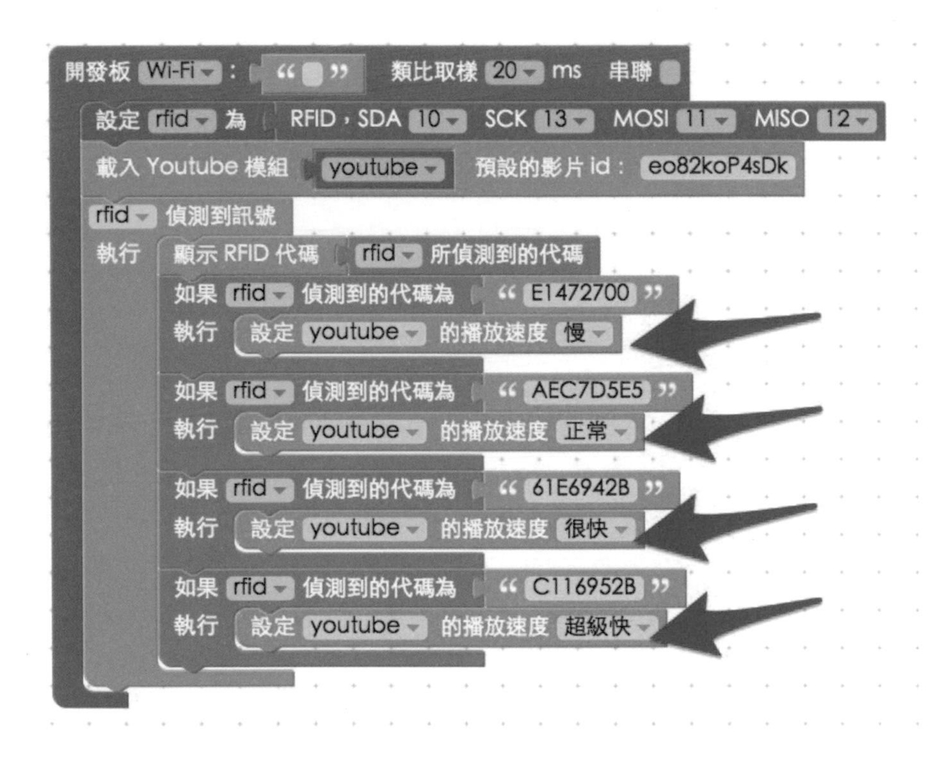

如果不要控制速度，也可以用「更換影片 id」的積木，就可以切換影片。

再不然可以選擇「控制音量」的積木，就可以控制影片音量大小（最大 100，靜音為 0）

```
如果 rfid 偵測到的代碼為 " E1472700 "
執行 設定 youtube 音量 100
如果 rfid 偵測到的代碼為 " AEC7D5E5 "
執行 設定 youtube 音量 60
如果 rfid 偵測到的代碼為 " 61E6942B "
執行 設定 youtube 音量 30
如果 rfid 偵測到的代碼為 " C116952B "
執行 設定 youtube 音量 0
```

當開發板上線之後，點擊執行按鈕，將不同的感應卡或磁扣靠近讀卡機，就可以控制影片的切換、速度或音量囉！

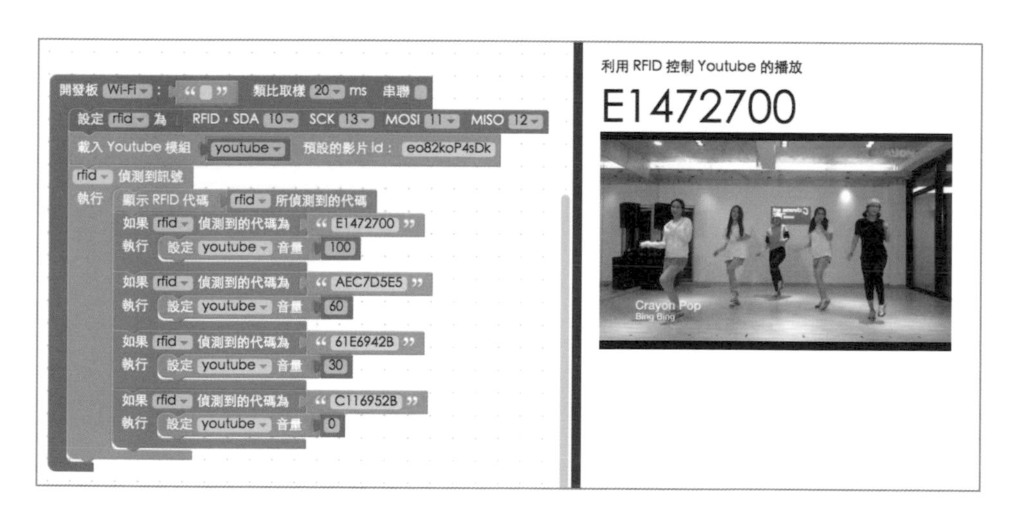

因為程式碼和之前都類似，就不再贅述。程式碼看起來雖然有點多，但其實是因為引用了 Youtube 的影片 API，和 Youtube 官方網站提供的程式碼是相同的。

MEMO

17

Chapter

繼電器與智慧插座

在許多的智慧插座裡，以及許多需要控制通路斷路的電路中，都會看到繼電器的身影，繼電器就是這樣子的充滿神奇的魔力，可以控制許多大型的電器。

17.1 認識繼電器

練習網址 http://blockly.webduino.io/?page=tutorials/relay-1

繼電器是一種以小電流控制大電流的電子零件，所謂的「以小電流控制大電流」，是以電子訊號（小電流）利用電磁原理讓金屬簧片切換，進一步讓大型電器用品產生通路或斷路（大電流），通常市面上販售的繼電器，標示 VCC、GND 和 IN 的一側為訊號源，是要連接開發板的，另外一側有常閉、常開與公共端的是要接大電流電器的。

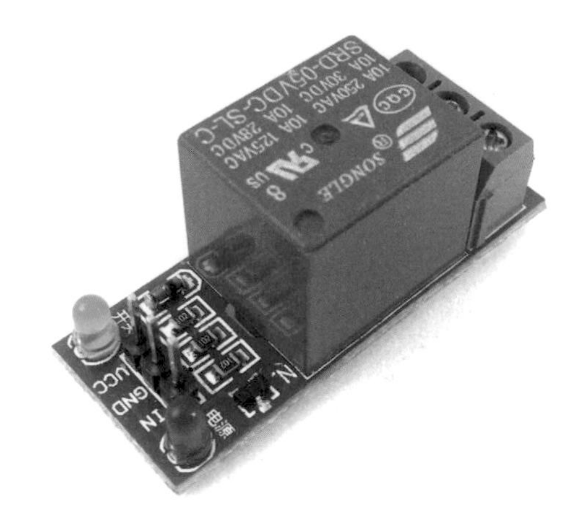

如果要接大電流的電器，可以利用十字螺絲起子將電線鎖緊（通常大電流電器的電線都會又粗又硬），可選擇要將電器接在常開還是常閉，通常會選擇接在常開。

繼電器的內部構造有一個電磁鐵，在沒有訊號提供時，內部的簧片會在上方，這時候「常閉」與「公共端」是通路，「常開」和「公共端」是斷路，當電磁鐵透過訊號通電，就會將內部的簧片往下吸附，此時「常閉」與「公共端」變成斷路，「常開」和「公共端」變成通路，藉由這個方式，我們就可以很容易的控制電器用品的開和關。

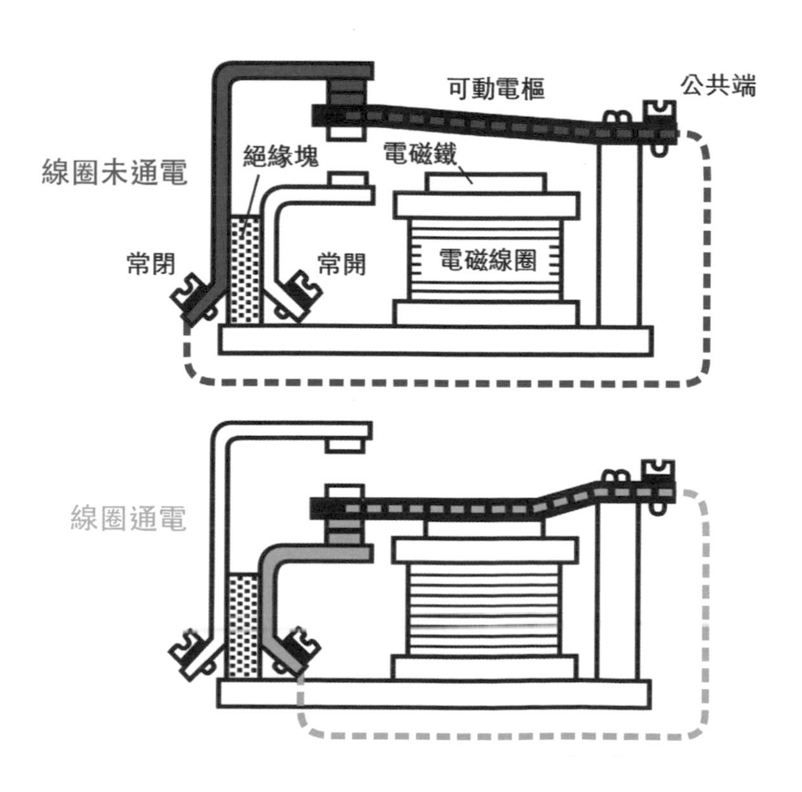

了解原理之後，除了接上電器的電路（這裡用一個小型直流電扇代替），另外一側利用麵包線，VCC 接在開發板的 3.3v 或 VCC，GND 接在 GND，IN 接在 11 號腳位，當 VCC 和 GND 都接上之後，繼電器上的紅色電源指示燈就會亮起。

接線示意圖：

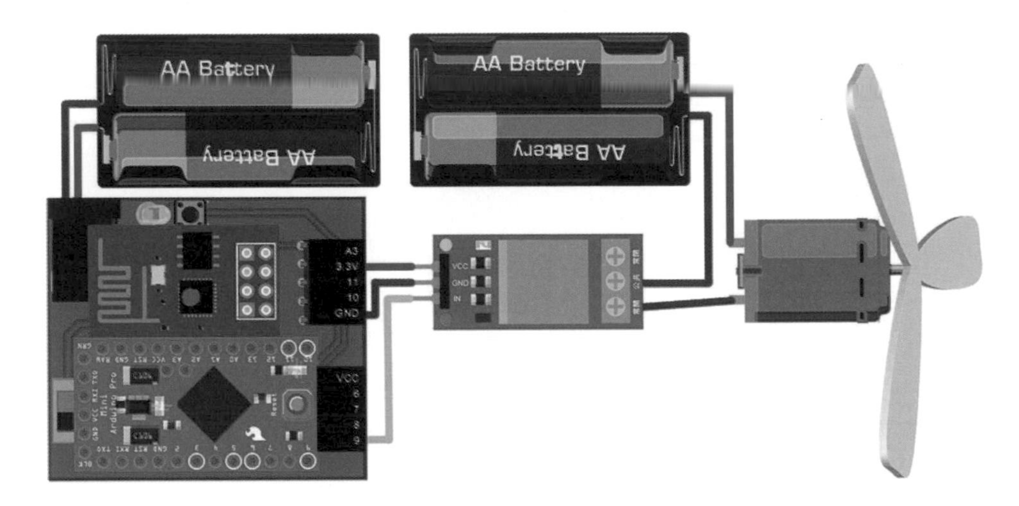

實際照片：

其實繼電器和 LED 很類似，都是控制訊號的 HIGH 和 LOW，所以實作起來也幾乎和 LED 一模一樣，一開始先放入開發板積木，然後放入名稱為 relay 的積木，腳位設定為 11。

再來放入狀態設定的積木，如果 relay 設為 off，則「常開」一端會關閉，「常閉」的一端會打開，如果 relay 設為 on，「常開」的一端會打開，「常閉」的一端會關閉，為了讓燈泡的狀態和繼電器一致，所以也設定讓燈泡打開。

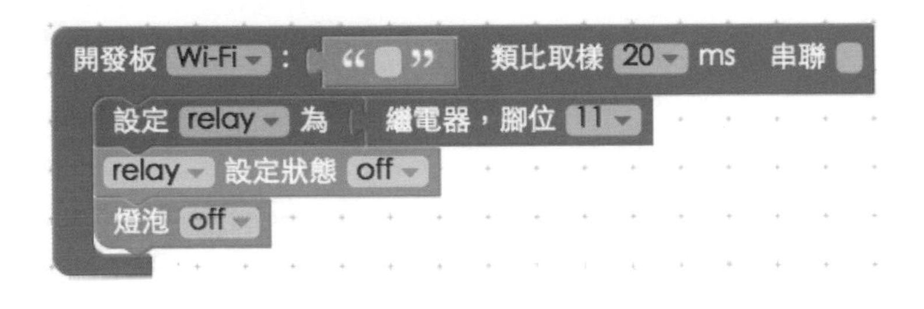

確認 Webduino 開發板上線之後，點選執行按鈕，就會聽到繼電器發出「喀」的一聲，接著綠色指示燈亮起，直流風扇開始轉動，網頁上的燈泡也會跟著亮起。

控制繼電器，並將狀態由燈泡圖片顯示

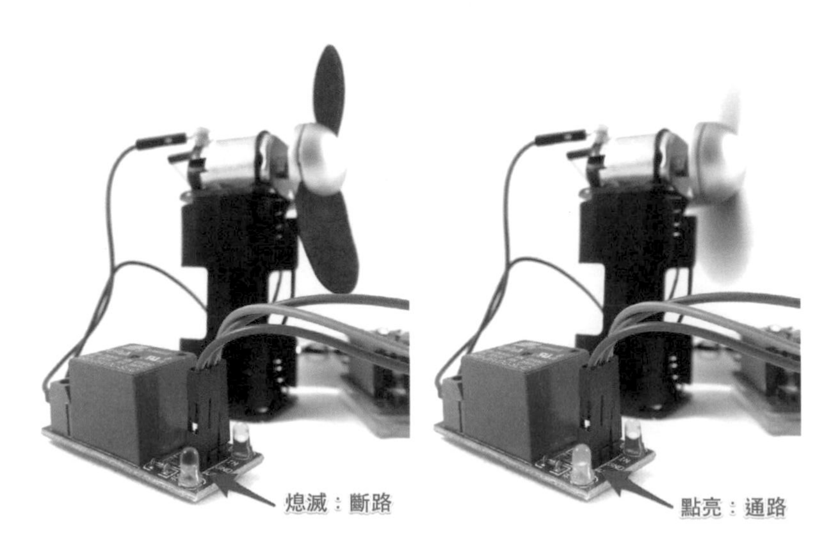

JavaScript 的程式主要用了 on() 的方法，表示通路，如果改為 off()，就是斷路。

```
var relay;



boardReady('你的 device 名稱', function (board) {
  relay = getRelay(board, 11);
  relay.on();
  document.getElementById("light").setAttribute("class","on");
});
```

17.2 可以用網頁控制的智慧插座

練習網址 http://blockly.webduino.io/?page=tutorials/relay-2

上一章已經學到了控制繼電器的方法，也控制了使用電池小型的電扇，本章將要實作控制大型電扇（或大型家電）的智慧插座，並且可以透過點擊網頁裡的圖片，對智慧插座做控制，首先我們來看一下智慧插座的原理圖：

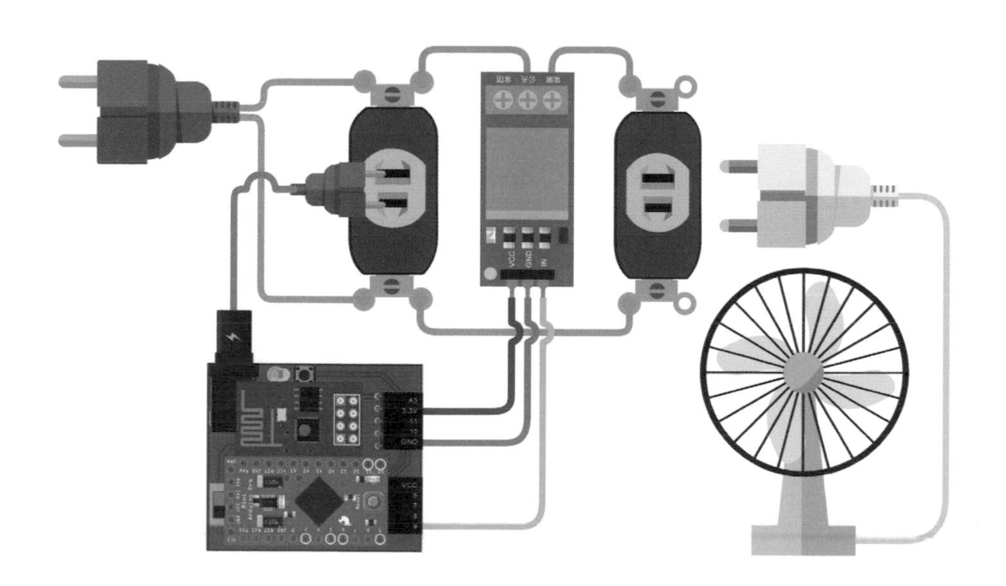

智慧插座主要由兩個插座組成，其中一個插座固定會通電，這個電源是提供給 Webduino 開發板使用，另外一個插座則透過繼電器，控制有電和沒有電，因為要實作會用到不少材料，就讓我們從材料部分看起。

先來看看會用到哪些材料，最主要有以下幾項：

- 雙孔插座盒（外盒、底板、上層夾板、數顆螺絲）
- 插座兩個
- 單心線五段
- 插頭（插頭、電線）
- 快速接頭兩個
- 杜邦接線三條
- 繼電器一個
- Webduino 開發板一塊

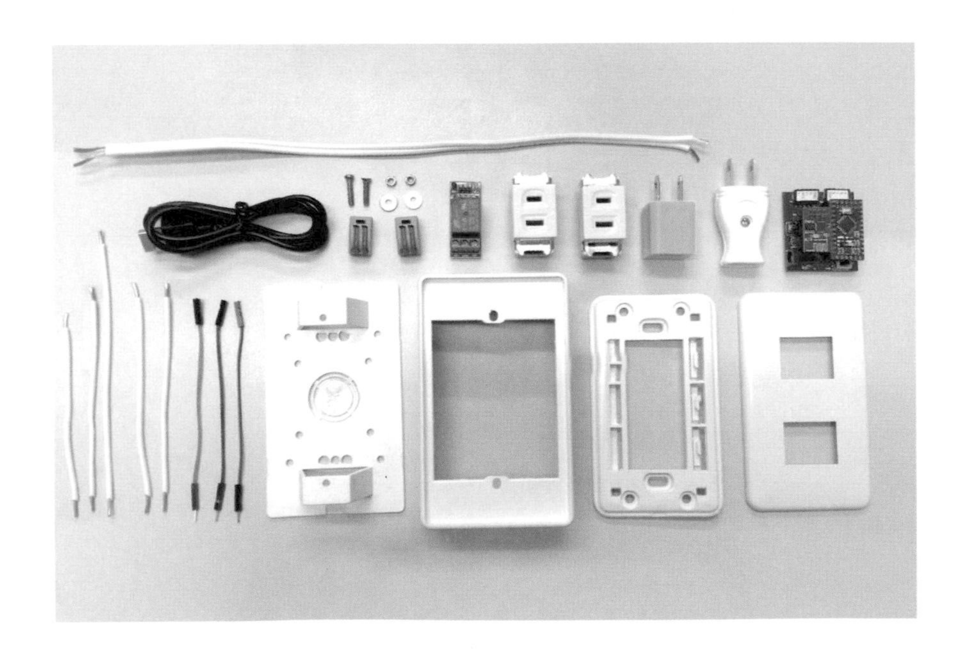

有了這些零組件之後，就是要把插座組裝起來，首先我們把插座和插座盒先組裝在一起。

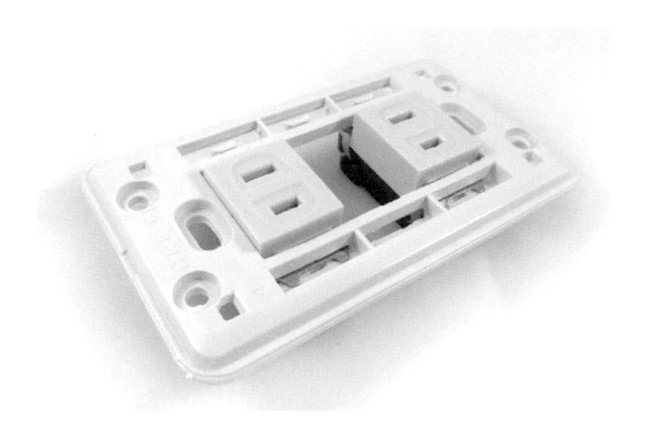

在每個插座後方有四個小洞（兩個插座共八個洞），是用來接單心線的，單心線是由一條銅線構成，因為會乘載大電流（110 伏特以上），所以滿粗的也頗硬的，將五條單心線分別塞入小洞當中（參考照片），並把繼電器放在兩個插座的中間。

利用快速接頭，把插頭的電線和單心線連結在一起，然後也把單心線和繼電器接在一起。

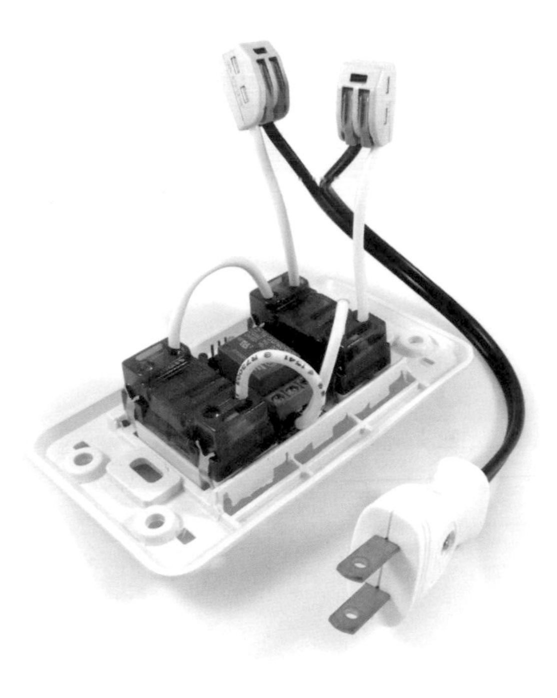

把杜邦接線接到繼電器的另外一側。

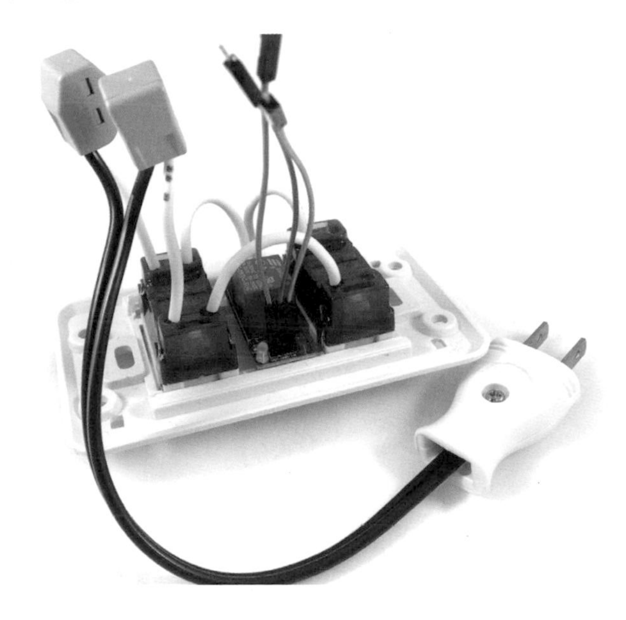

完成後就可以組裝外殼，先把插座那一面的蓋子蓋上。

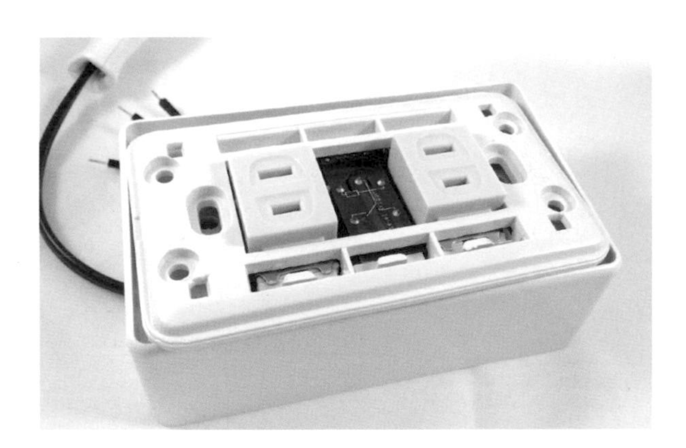

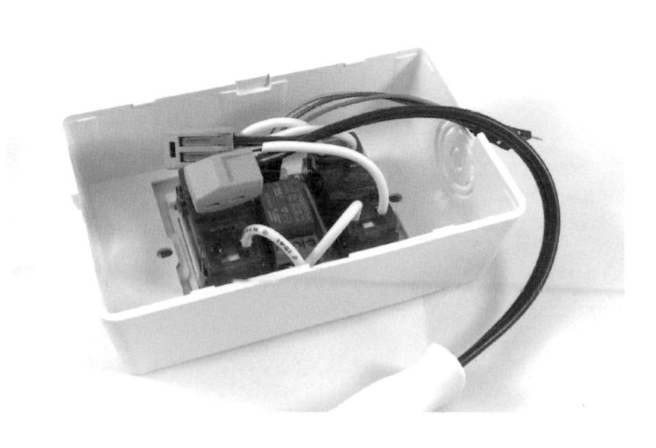

蓋上底板，讓插頭的電線以及杜邦接線，從底板的縫隙露出。

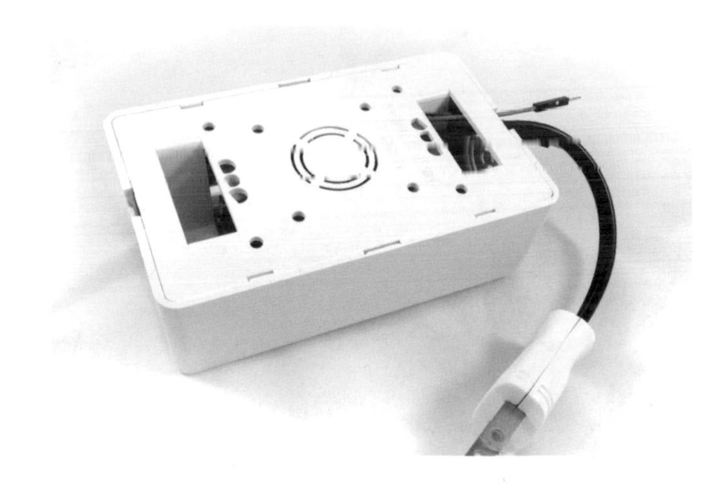

最後，將有接三條單心線的插座（不受繼電器影響，持續供電），接上 USB 電源，供應 Webduino 開發板電力，透過 Webduino 開發板來控制繼電器，進一步控制另外一個插座的電源開關。

如此一來，我們就可以在另外一個插座接上大電流的電器，進一步的控制。

完成接線之後，就要來利用積木組裝程式控制，這裡我們將要用練習網址：http://blockly.webduino.io/?page=tutorials/relay-2 右邊的燈泡，來控制智慧插座的開關（其實就是控制繼電器），一開始同樣先把繼電器的積木放到開發板中，腳位設定為 10，然後讓燈泡與繼電器一開始都是 off 的狀態。

再來就是放上「點擊燈泡時執行」的積木，當燈泡熄滅（也就是繼電器斷路）的時候，點擊燈泡，燈泡就會亮起，繼電器就會通路，電器就會被打開，否則就是關閉。

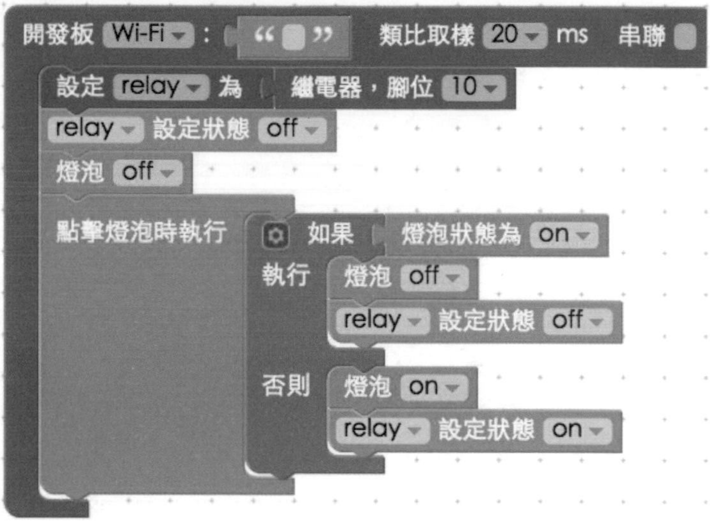

確認 Webduino 開發板上線之後，點選執行按鈕，點選網頁的燈泡圖片，就可以控制接在智慧插座上頭電器的運作囉！，程式的部分也十分容易，和 LED 燈的控制幾乎一模一樣。

```
var relay;

boardReady('', function (board) {
  relay = getRelay(board, 10);
  relay.off();
  document.getElementById("light").setAttribute("class","off");
  document.getElementById("light").addEventListener("click",function(){
    if (document.getElementById("light").getAttribute("class")=="on") {
      document.getElementById("light").setAttribute("class","off");
      relay.off();
    } else {
      document.getElementById("light").setAttribute("class","on");
      relay.on();
    }

  });
});
```

18

Chapter

萬能自走車

在本書的最後，我們將要實作出一台自走車，不僅可以設定行進的模式，更可以透過鍵盤來操控，或是接上超音波傳感器讓車子自動閃避障礙物。

18.1 認識 Webduino 自走車

練習網址 直接使用 Webduino Blockly 線上編輯工具練習：
http://blockly.webduino.io/

首先要組裝自走車，自走車包含的組件如下：自走車底版（3D 列印）、左右各一顆輪子與馬達、開關、電池盒、馬達驅動板、超音波傳感器和 Webduino 開發板，由於主要的結構都已經焊接完成，組裝上變得相當簡單。

首先把電池放到電池盒內（需要四顆三號電池），然後將電池盒放到車子上。

接著把 Webduino 開發板放到前方的插槽裡。

放妥開發板後，先把超音波傳感器插在開發板的左側排插，Trig 11，Echo 10。

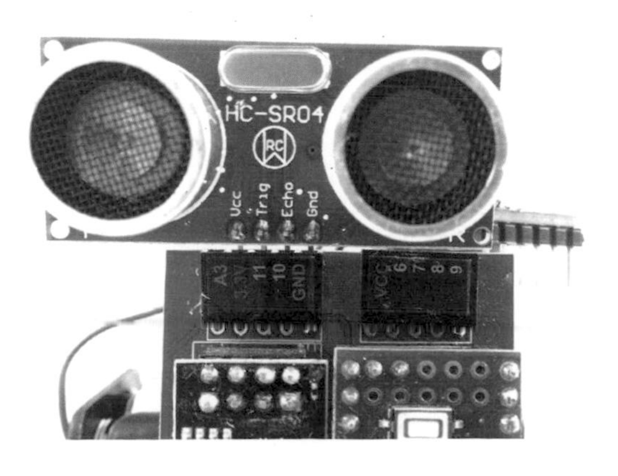

接著把馬達驅動板插在右側排插，注意會把 3.3V、 6、7、8、9 的腳位接滿，然後在 3.3V 的插孔處繪圖出一支腳，這支腳已經用電線聯結出來，所以是正常的不需理會。

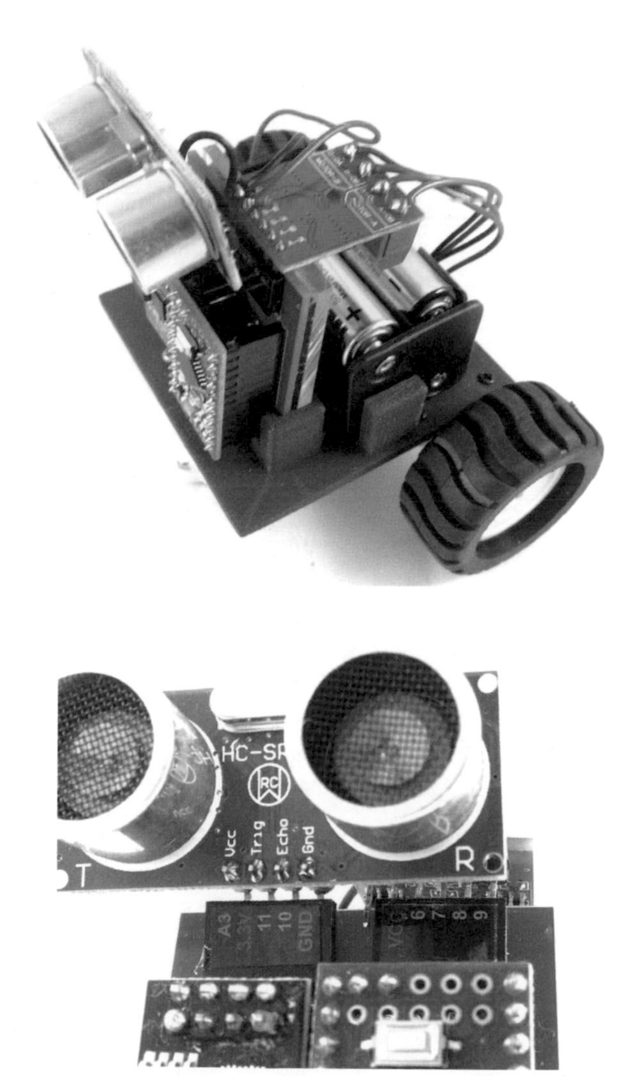

到這邊已經組裝完成，打開自走車的電源，就可以開始嘗試操控自走車了。

點選左側選單的「玩具應用」，選擇「自走車 2」，把自走車的積木放到開發板中，設定右前 6，右後 7，左前 8，左後 9。

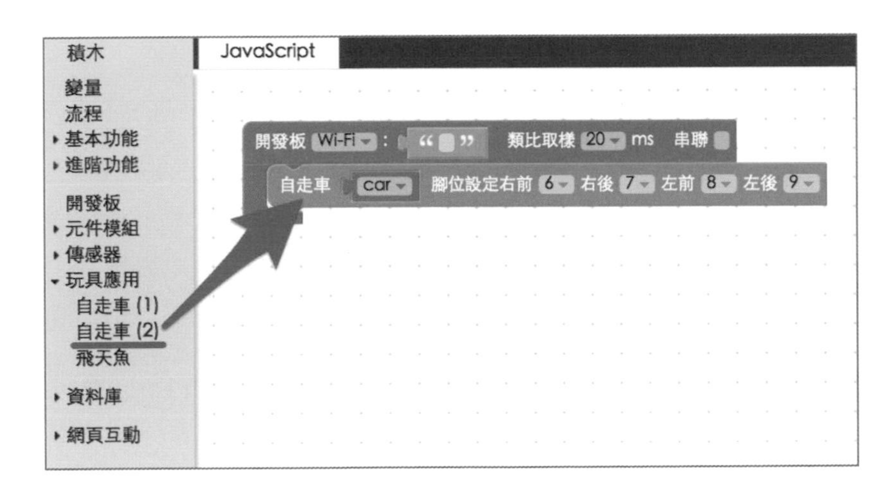

完成後我們先來測試一下（避免線接錯，往前跑結果變成往後跑），先放上自走車動作的積木，選擇「右前」，待開發板上線後，點選執行按鈕，看看右輪是不是往前轉，如果是正常的往前轉就表示沒有設定錯，依此類推，測試一下右後、左前與左後。

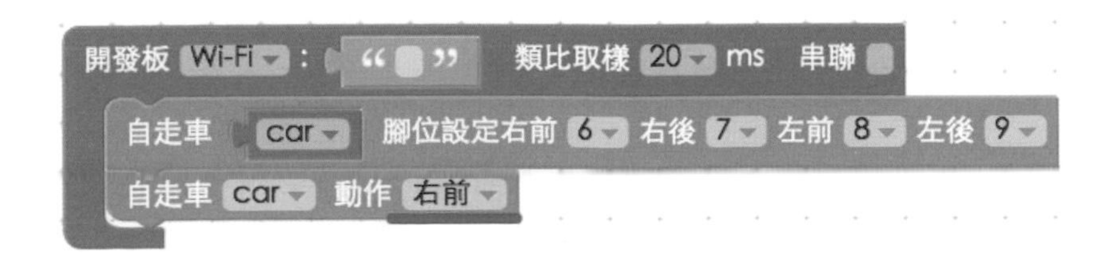

都設定好了之後，我們利用「延遲」的積木來組合做自走車的行為，可以讓自走車前進一秒之後，再後退一秒，然後再左轉與右轉各一秒。

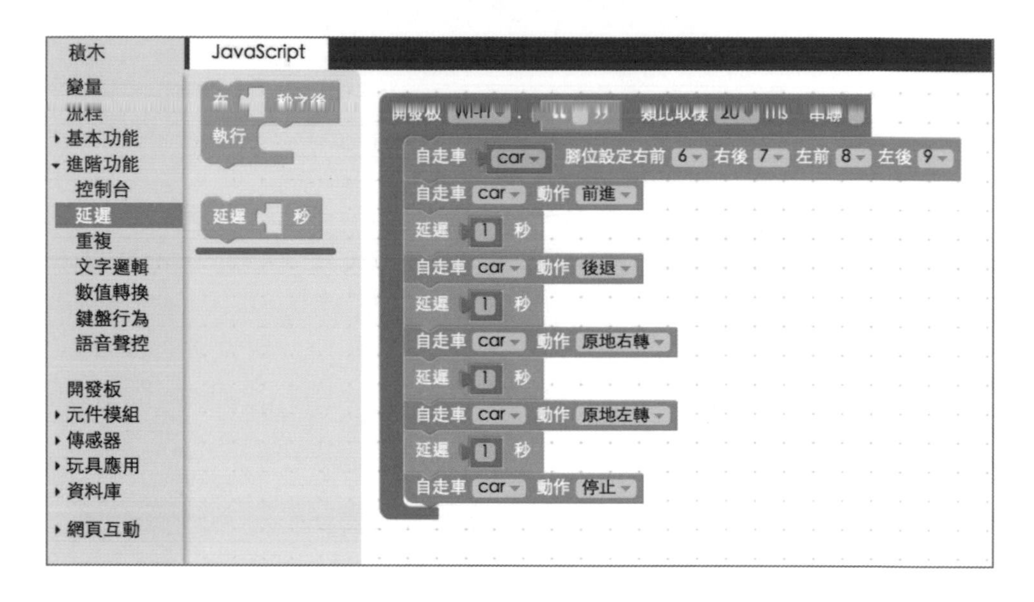

待開發板上線後，點選執行按鈕，就會看到自走車自己跑起來囉！如果看程式，會發現有許多的 on 和 off 組成自走車的動作，這些動作分別表示：前進（左前與右前設定 on），後退（左後與右後設定 on），原地左轉（右前與左後設定 on），原地右轉（左前與右後設定 on）... 等依此類推，由於程式碼比較多，這裡就不逐一列出。(解答：http://goo.gl/DLodzj ）

18.2 鍵盤操控 Webduino 自走車

練習網址 直接使用 Webduino Blockly 線上編輯工具練習：
http://blockly.webduino.io/

會讓自走車按照設定的動作移動之後，這個範例要來練習使用「鍵盤」操控自走車，如此一來就能像在玩遊戲一般的操控車子了，因為要控制鍵盤，所以要使用「鍵盤行為」的積木，在鍵盤的程式積木裡有兩種行為，一種是「按下」，一種是「放開」，我們先把這兩種放到工具裡。

接著我們把指定的按鍵放到裡面，就可以設定對應按鍵的按下與放開行為，這裡我們使用 W、S、A、D 這四個在遊戲裡比較常見的操控按鍵。

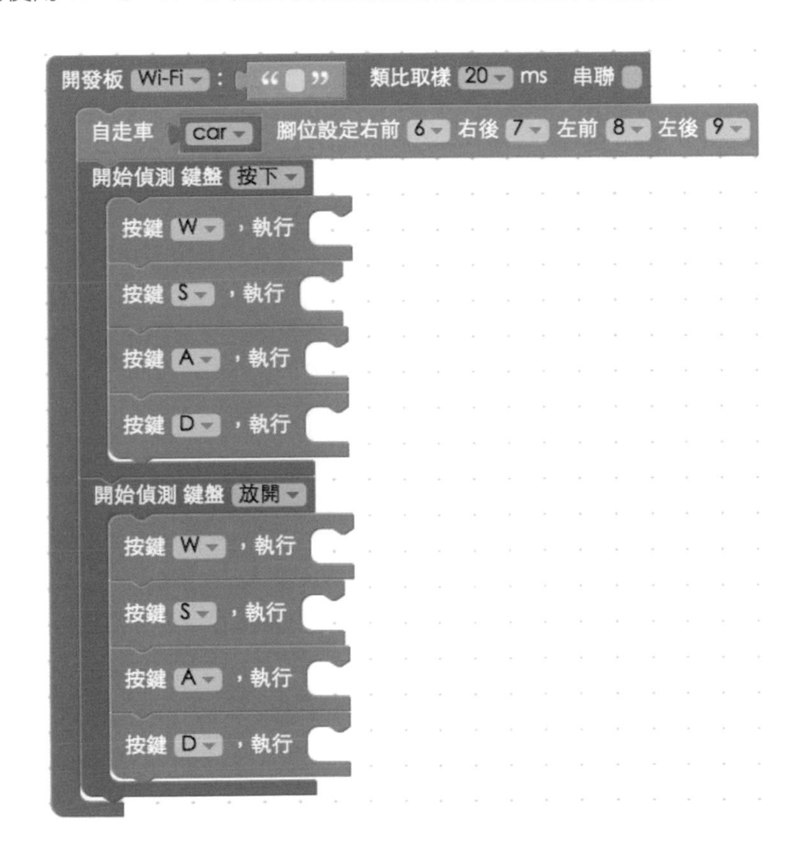

再來我們先設定按下的行為，W 對應前進，S 對應後退，A 對應原地左轉，D 對應原地右轉。

開始偵測 鍵盤 按下
按鍵 W ，執行 自走車 car 動作 前進
按鍵 S ，執行 自走車 car 動作 後退
按鍵 A ，執行 自走車 car 動作 原地左轉
按鍵 D ，執行 自走車 car 動作 原地右轉

有動作就一定要有停止，最後我們只要把所有按鍵放開的事件設為停止即可。

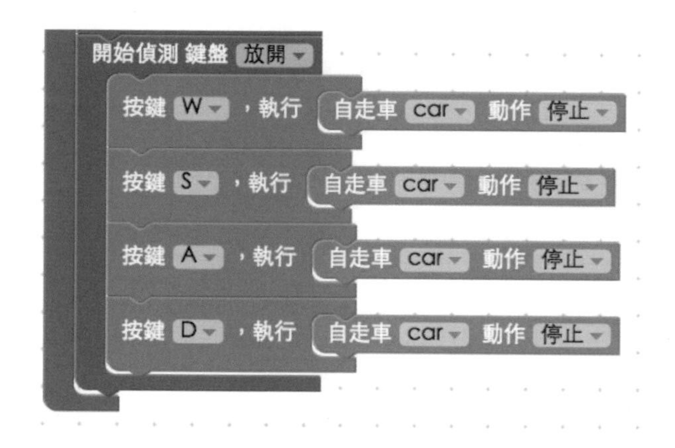

簡簡單單幾個步驟，就完成了用鍵盤操控自走車的程式了，待開發板上線後，點選執行按鈕，就可以開始用鍵盤操控自走車。(解答：http://goo.gl/x7qMUY)

18.3 超音波 Webduino 避障自走車

練習網址 直接使用 Webduino Blockly 線上編輯工具練習：
http://blockly.webduino.io/

透過上面兩個範例，應該以熟悉了自走車的運作原理，接下來我們要實作超音波避障自走車，也就是利用超音波傳感器，得知前方是否有障礙物，然後會做出閃避障礙物的行為，因為要使用超音波傳感器，所以要將超音波傳感器的程式積木放到開發板裡頭。

開發板 Wi-Fi：“ ” 類比取樣 20 ms 串聯
自走車 car 腳位設定右前 6 右後 7 左前 8 左後 9
設定 ultrasonic 為 超音波傳感器，Trig 11 Echo 10

接下來要實現避障的功能，這裡我們設定當偵測到前方有障礙物（小於 10 公分） 時，車子會後退並且原地右轉，之後再前進，當然這個閃避的動作可以自行設定，這邊只是先做出最基礎的閃避行為，要做這種閃避行為的實現方法可以用兩種超音波的城市積木，當然也就有兩種完成的方式，第一種：「每 100 毫秒 擷取一次距離」，先設定一個名為 run 的「流程」，在流程內放入「每 100 毫秒 擷取一次距離」的積木。

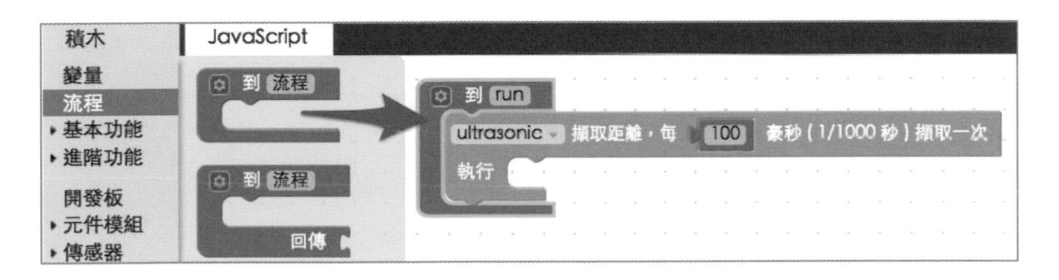

在裡頭放入一個邏輯判斷，如果擷取的距離小於 10 公分，就會先停止擷取（避免重複擷取產生重複動作），然後就讓自走車後退 0.3 秒後右轉 0.3 秒，接著再度執行 run 這個流程，如果再度執行時前面還有障礙物，那麼就會繼續做閃避的動作，如果沒有，就會前進。

到 run
ultrasonic 擷取距離，每 100 毫秒（1/1000 秒）擷取一次
執行 如果 ultrasonic 所截取的距離（公分） < 10
執行 ultrasonic 停止擷取距離
自走車 car 動作 後退
延遲 0.3 秒
自走車 car 動作 原地右轉
延遲 0.3 秒
呼叫 run
否則 自走車 car 動作 前進

最後要在主程式呼叫 run 流程，待開發板上線後，點選執行按鈕，就會看到自走車動起來，偵測到障礙物就會閃避。(請見：http://goo.gl/V9cbPb)

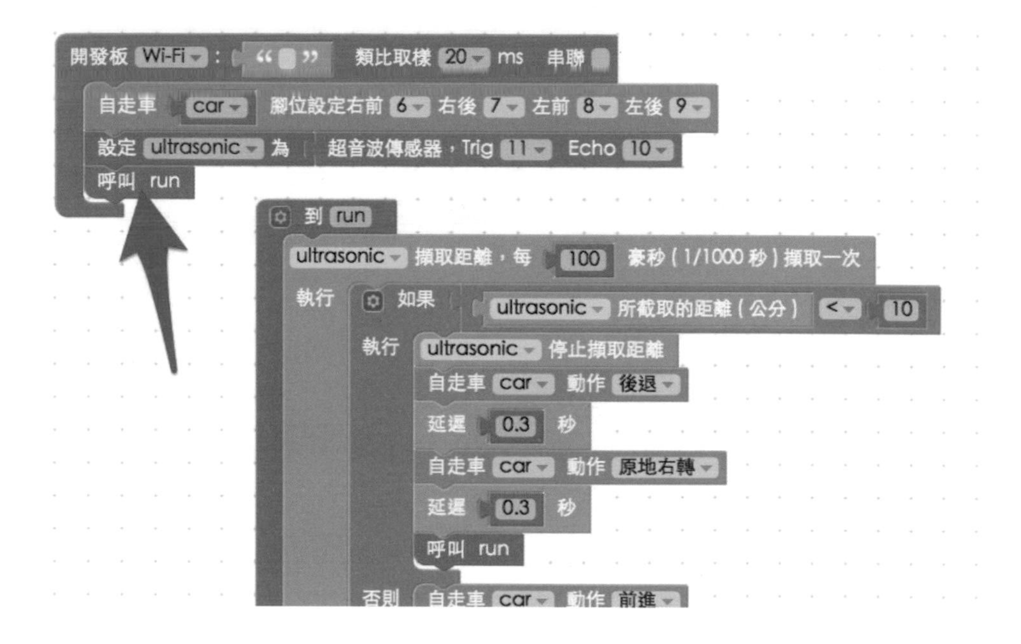

除了上面提到的方式， Webduino Blockly 開發工具還有提供另外一種「擷取距離」的積木，這個積木下方的動作執行完畢後會再重新擷取一次，作法其實跟剛才很像，只是在邏輯的積木裡要換個方式。

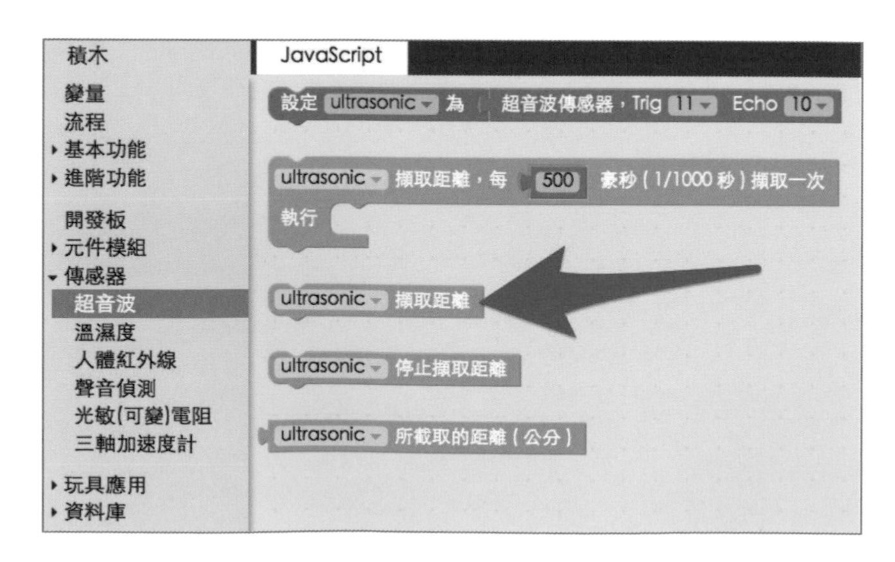

和剛剛的做法比較不同的地方是，在邏輯裡會用到兩個呼叫 run，因為每次呼叫才會要求擷取一次距離。

完成之後在主程式放入 run 流程，待開發板上線後，點選執行按鈕，就會看到自走車動起來，偵測到障礙物就會閃避。(解答：http://goo.gl/Qdz2tB)

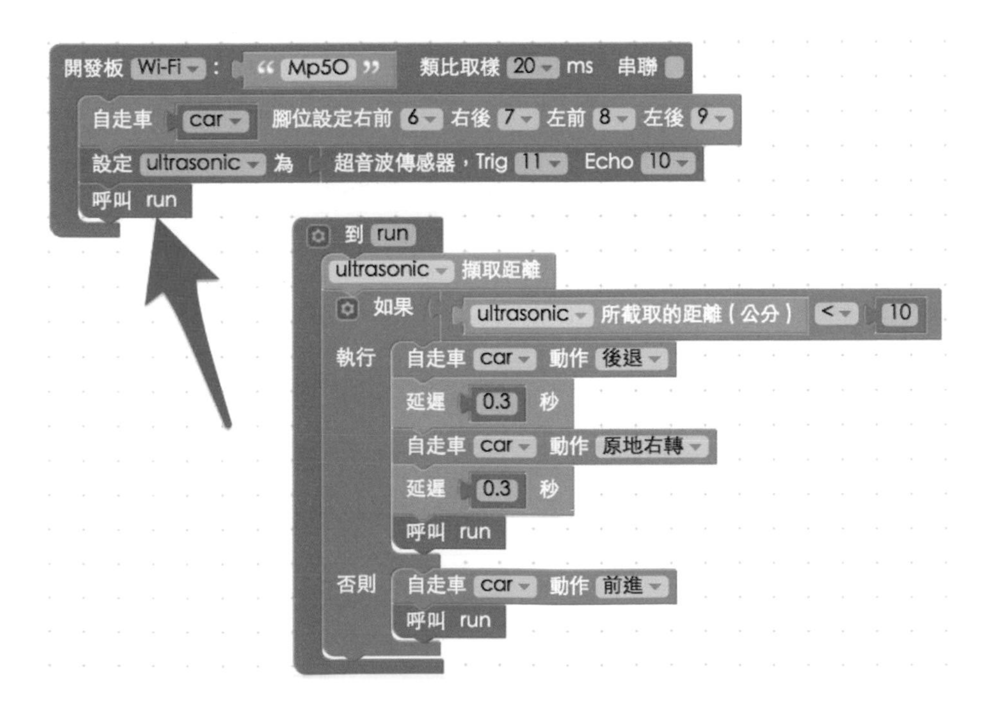

18.4 語音聲控 Webduino 自走車

練習網址 直接使用 Webduino Blockly 線上編輯工具練習：
http://blockly.webduino.io/

最後一個單元，要來使用「語音聲控」，用講話的方式控制自走車的運動，語音聲控的程式積木在「進階功能」裡，Webduino 使用的語音聲控是 Chrome 瀏覽器內建的 Web Speech API，必須要在有「網路」的情況下才能使用，因為會連結到 Google 的語音辨識資料庫，所以沒有網路就沒有作用。

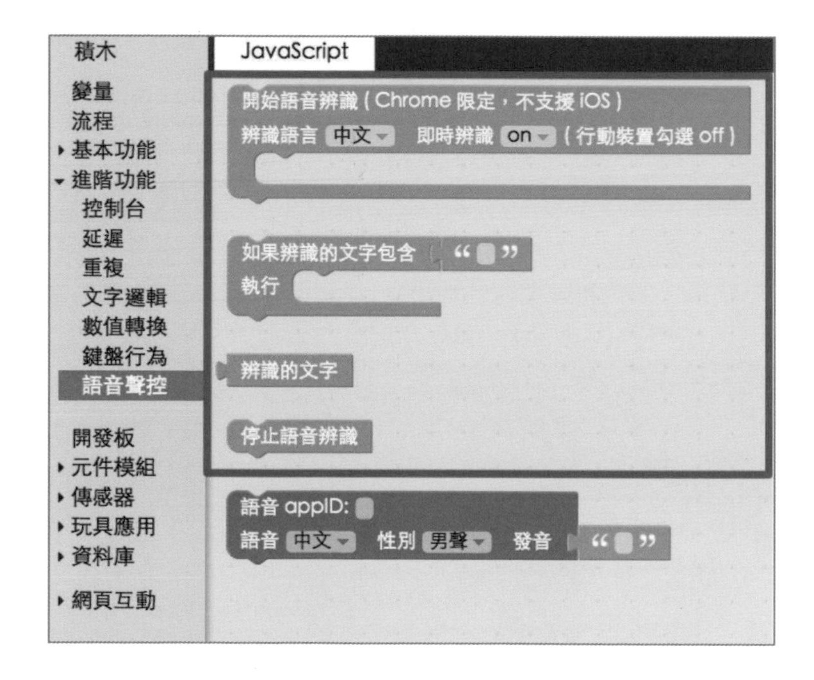

要用語音聲控的第一件事，就是要把語音聲控的程式積木放到畫面中，並且做設定，如果要講中文就選擇「中文」，不然在英文模式下講中文，辨識出來一定非常奇怪。語音辨識的預設是只要有語音就會辨識，如果要讓系統在一段話結束後再辨識，「即時辨識」記得選擇「OFF」，由於行動裝置目前不支援 iOS，所以只有 Android 系統可以執行，而且要在行動裝置上執行，「即時辨識」也一定要選擇「OFF」才可以（如果電腦有麥克風，就沒有這個問題）。

接著先放入「顯示」辨識的文字，讓辨識的文字可以出現在「網頁互動測試」的區域裡。

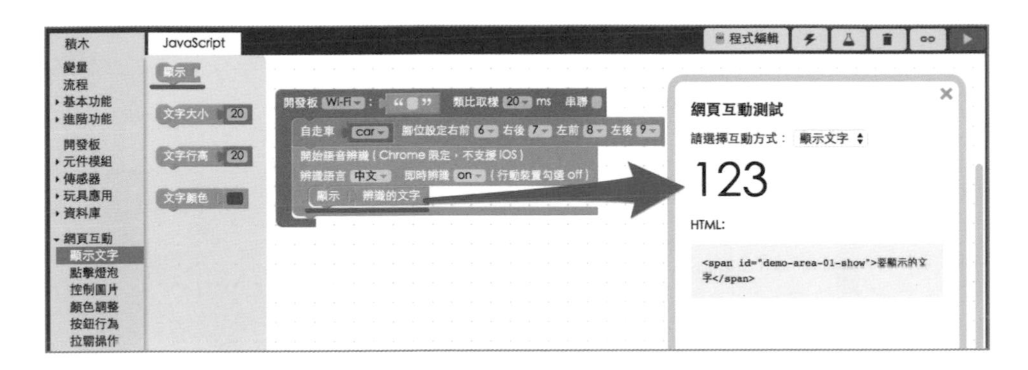

再來就是把辨識到的文字，對應到指定的動作，例如只要文字有包含「前」，就會前進，包含「停」，就會停止，依此類推。

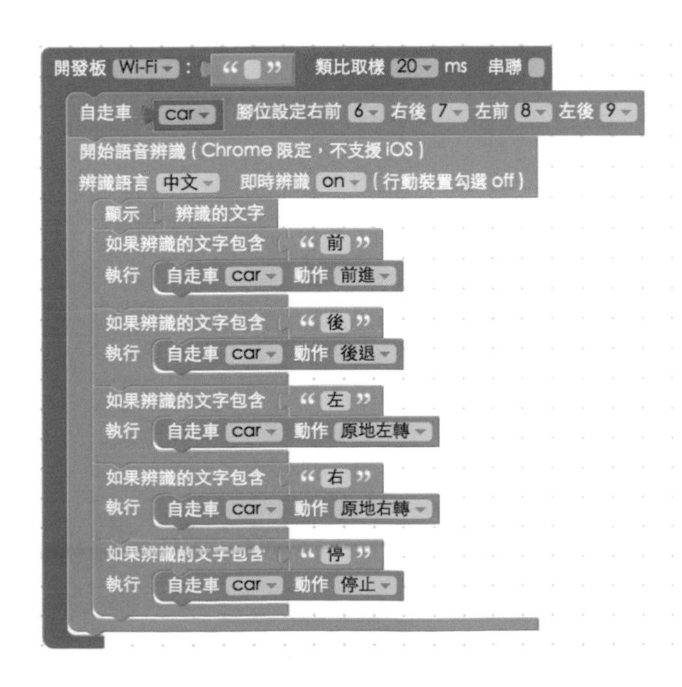

如果有多組字彙對應到同一個動作，就可以用列表的方式展現，例如說出「前」、「衝」或「帥呀」的時候，車子就會往前跑。

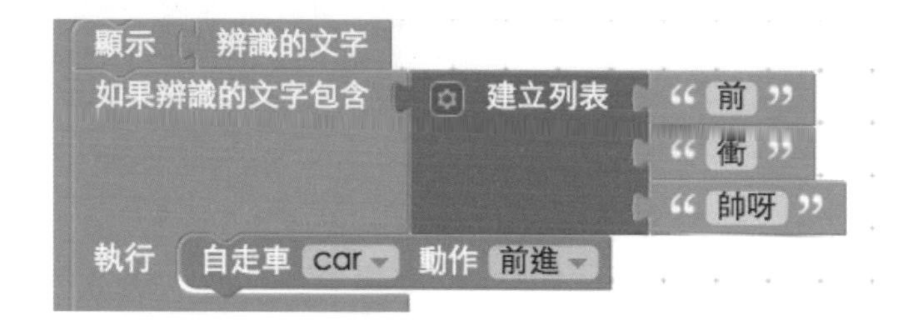

待開發板上線後，點選執行按鈕，就會看到 Chrome 彈出一個要求允許麥克風的選項，點選允許，就可以開始用聲控操作自走車了。

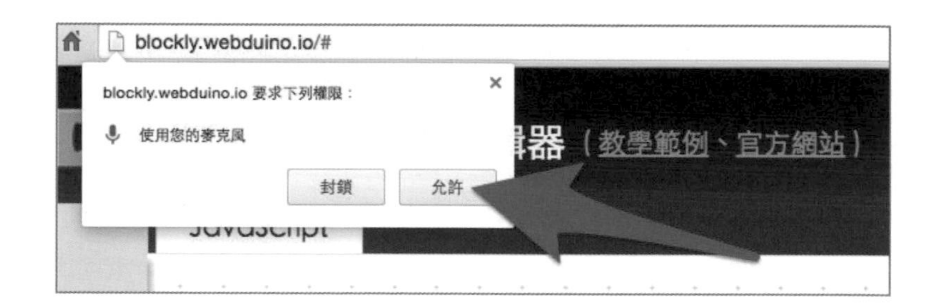

實戰 Webduino：物聯網開發 x 智慧家居應用 x 自走車

作　　者：Webduino 開發團隊
企劃編輯：莊吳行世
文字編輯：詹祐甯
設計裝幀：張寶莉
發 行 人：廖文良

發 行 所：碁峰資訊股份有限公司
地　　址：台北市南港區三重路 66 號 7 樓之 6
電　　話：(02)2788-2408
傳　　真：(02)8192-4433
網　　站：www.gotop.com.tw
書　　號：ACH019800
版　　次：2016 年 01 月初版
2018 年 05 月初版五刷
建議售價：NT$450

國家圖書館出版品預行編目資料

實戰 Webduino：物聯網開發 x 智慧家居應用 x 自走車 /
Webduino 開發團隊著. -- 初版. -- 臺北市：碁峰資訊, 2016.01
面；　公分
ISBN 978-986-347-921-5(平裝)
1.電路　2.電腦程式　3.電腦輔助設計
471.54　　105000057

讀者服務

- 感謝您購買碁峰圖書，如果您對本書的內容或表達上有不清楚的地方或其他建議，請至碁峰網站：「聯絡我們」\「圖書問題」留下您所購買之書籍及問題。（請註明購買書籍之書號及書名，以及問題頁數，以便能儘快為您處理）
http://www.gotop.com.tw

- 售後服務僅限書籍本身內容，若是軟、硬體問題，請您直接與軟體廠商聯絡。

- 若於購買書籍後發現有破損、缺頁、裝訂錯誤之問題，請直接將書寄回更換，並註明您的姓名、連絡電話及地址，將有專人與您連絡補寄商品。

- 歡迎至碁峰購物網
http://shopping.gotop.com.tw
選購所需產品。